版式设计教程

邓瑛 编著

苏州大学出版社

图书在版编目(CIP)数据

版式设计教程/邓瑛编著. —苏州：苏州大学出版社，2016.11
现代艺术设计基础教程
ISBN 978-7-5672-1943-4

Ⅰ. ①版… Ⅱ. ①邓… Ⅲ. ①版式—设计—教材 Ⅳ. ①TS881

中国版本图书馆 CIP 数据核字(2016)第 294702 号

版式设计教程
邓 瑛 编著
责任编辑 方 圆

苏州大学出版社出版发行
(地址：苏州市十梓街 1 号 邮编：215006)
苏州市立达印务有限公司印装
(地址：苏州市吴中区胥口胥江工业园上供路 邮编：215164)

开本 889 mm×1 194 mm 1/16 印张 9.25 字数 267 千
2016 年 11 月第 1 版 2016 年 11 月第 1 次印刷
ISBN 978-7-5672-1943-4 定价：48.00 元

苏州大学版图书若有印装错误，本社负责调换
苏州大学出版社营销部 电话：0512-65225020
苏州大学出版社网址 http://www.sudapress.com

出版者的话

苏州大学出版社多年来致力于高校艺术类教材的出版，特别是陆续出版了20余种艺术设计类基础教材，经过多次修订重印，在市场上产生了一定的影响。

在此期间，艺术设计教学发生了很大变化，具体表现在教学理念、教学内容、教学方法等方面，因此，作为艺术设计类基础教材，也应与时俱进，符合时代要求。为此，我们重新组织编写出版这套“现代艺术设计基础教程”丛书。

该套新编教材的编写者大多为高校一线中青年骨干教师，既有丰富的教学经验，又具有创新意识；作品来源广泛，除了经典作品之外，大多是全国高校教师和学生的优秀作品，具有代表性和时代感；在结构和体例上更贴近教学实际。

我们希望“现代艺术设计基础教程”这套丛书能为高校艺术设计基础教学做出贡献。

前　言

版式编排是现代设计艺术的重要组成部分，是视觉传达的重要手段，它为视觉艺术带来了新的冲击，是优秀平面视觉作品的支撑。为什么好的平面视觉作品那么吸引人？为什么很多平面视觉作品会有相似之处但又有所不同？是什么视觉表现规律在影响着我们阅读？个人认为，这都是版式的视觉美现象。结合当前相关版式设计教材和专业书籍的影响以及本人的教学实践情况发现，版式的"视觉美"现象应该是值得我们研究的，也是这门课程的尺度与准则。本书旨在从版式视知觉理论和版式视觉美的角度授予学生版式设计方面的知识，帮助初级入门平面设计专业的学生从多元的思考角度把握版式丰富视觉形式背后的视觉规律和表现形式的构成本质，增强应用能力。

本书尽量做到相似案例归类论证、文字言简易懂，内容不庞杂，采用了一整章节的篇幅版式设计与信息传播让学生明白以信息传播为目的的版式，"恰如其分" 让受众接受才是最合适的评判准则，还重点谈论了版式视觉审美风格的时代变迁。此外，用较大篇幅着重围绕着解决"基于视觉原理的版式识别与构建"、"版式设计中的形态格局与网格"、"版式视觉要素及表现"三个主要问题展开。具体内容和章节主要涉及版式视觉形式美法则、版式设计的构建、版式形态的抽象美、版式格局的秩序美与网格的理性美以及版式中的视觉要素图形、文字和色调的表现，使学生们发现现代版式中的一些设计规律，思考介于抽象和具象要素之间的"版式视觉美"的构建表现形式与方法等方方面面的问题，期盼学生可以研究每种要素本身美的特性和视觉表现方法，开启学生利用形图片、文字、色调要素进行视觉美的设计表现，强化版式的表现意识。至于版式设计的视觉传播媒介应用知识，则没有进行过多案例阐述。

由前人总结出的版式设计共通规律与教学方法值得我们发扬和借鉴。同时，人们对于审美欣赏的标准和设计认识的角度一直是在不断变化的。所以，教学也不应该是一成不变的模式化。书中的学生作业是以再现的方式展开，以便教材更具有真实性与可操作性。

编　者

现代艺术设计
基础教程

目　录

概　述

关于版式设计的课程教学

在今天的平面设计专业教学领域，版式设计课程一直占据着不可或缺的地位。“版式”不仅是视觉设计的重要载体，同时也是影响信息传达效果的重要因素，而因此产生的“版式视觉效应”如同一股潮流，成为视觉设计中举足轻重的表现形式。不仅如此，这种“版式效应”已经从最初的单一教学领域向外延伸、拓展到了与视觉相关的诸多设计课程领域，版式教学在高校设计艺术专业中的“跨界”也已经成为普遍现象。作为一门课程的教学开展情况，国内、国外各高校有所不同。我们通过各种渠道，参阅并比较研究了大量相关的版式设计文献资料，这些文献资料主要有以下几部分，一部分是出自各个高校的规划类教材，另一部分是关于版面设计的专业书籍和介绍视觉设计史的书籍，还有一部分是部分高校的课程安排和教学大纲，都反映出现行版面设计教学方面的不少理论方法和观点。有一部分教材借助具体的媒体平台，反映针对性的具象内容，训练如何将读者引向目标，还有一部分教材将课程体系建立在抽象形态点、块面分割、数理比例关系的本质基础上进行图文编排训练，旨在培育良好的科学编排习惯。而本书关注的正是在这些现象出现之后那些涉及基于识别的视知觉理论的“版式设计”的教学思路，提出了介于抽象和具象要素之间的“版式视觉美”的构建表现形式与方法等方方面面的问题，期盼学生可以从视觉美的角度加深对版式设计的理解，拓展设计思路，养成多角度看待问题的专业素质，增强应用能力。

在开始进入这些问题之前，有必要针对我们将要谈论的对象进行名称上的定位与内容上的梳理，以便做到在之后的论述中清楚、明晰。首先，在视觉设计范围里的“版式”，如果检索一下，可以查到诸多名称版本。英文“Layout”，具体涉及如何在一个展开的平面上解决视觉形态与关系的问题——对开本的选择，版心、周围空间、网格、排列方式的创造，插图、字体、色彩等元素的形式，甚至内容等主次关系的安排，还涉及采用何种表现手法等方面的决策等。所有这些，都是“版式设计”课题中应该研究的内容。英文“Type-graphies”，字面意思就是文字和图形的编排。在相关调研资料中显示，中央美术学院的教学计划中版式设计教学进度曾经被分成四个阶段，其中文字设计编排教学被拿出来作为第一部分，第二部分才是版面编辑设计，第三部分是印刷出版编辑设计，第四部分是实验文字与编辑设计。这种以文字的阅读属性研究为起点形成版面的设计教学思维的安排更接近“Type-graphies”的原意一些。上述两个英文都较好地诠释了版式设计在全球境遇中所涉及的相关问题。

谈到版式设计，我们必须对过去20年在平面设计领域所发生的重大变化进行一次回放：伴随着电子计算机技术介入设计在世界范围内发生“革命”之后，新媒体、新能源、新材料极大地丰富了信息传播的体系和媒介应用领域，信息传递方式也从传统印刷媒介走到数字新媒介，版式设计也从静态向动态广泛拓展。尤其是计算机数字应用技术的发展，使得设计师自己可以全盘把控从设计到排版直至印刷之前的所有程序，把“命运”牢牢地掌握在自己的手中，用自己的智慧去对版式做出合理的安排。在市场发展和实践的过程中，版式在设计中的作用与功能被不断地发掘与拓展，审美标准也在不断地变化与提高，版式中文字和图形风格自身都在形成全新的设计理念。二十余年来，在设计中对文字和图像的视觉追求不仅没有削弱，反而愈演愈烈，这股波及了中国平面设计界的设计浪潮影响迅速，对版式所能带来的视觉功能最大值的追求越来越成为一种手段与趋势。显然，面对着这种设计从理念到工具的变化，对版式的教学不断进行思考，是教师的责任和使命。

那么，面对着版式教学框架中丰富的知识点，哪些学习方法是至关重要的呢？我们可以把版式设计的学习方法归纳为三个方面：收集认识、记录体验与尝试突破。与此同时，必须注意的就是时代性的主线。因为，只有对时代性的演变与发展有所关注、感悟，才可能了解版式在今天设计中的真正意义。

先谈收集认识。收集与认识是一项非常重要的市场调研方法，不管是在学习初期还是在具体项目进行的时候都要做，通过收集和归纳理解，能够对版式设计在当代生活中的作用有一个基本的认识与宏观的视野。但是，面对今天越来越多的新知识点与有限的课时，收集与认识只能作为一个课余的练习要求。

对于记录体验，可以肯定，这是在课堂上和课后都可以进行的重要训练方法。记录体验是对版式视觉形态的临摹模仿，也是设计表达的必经之路，涉及字体风格的书写、版式空间网格的布局规划、图形的描绘等，在模仿的过程中渐渐熟悉各种版式的形式构成。值得注意的是，模仿不是一条快速追求结果的通道，它只是提高设计能力的途径之一。作为一项重要的学习能力，这又是一个需要日积月累的“工程”，需要的是时间沉淀、数量积累。大量的练习实际上会慢慢地改变学生的观察和设计表达能力，甚至对版式作品的审美分析能力。

对于版式设计的另一个学习方法尝试突破而言，它有两个不同层面的功能与目的。其一，即修正和变临（摹写）。修正是带着观察与思考对版式作品进行重新适度调整，按照版式阅读舒适度要求、内容层次关系对比分析作品，找出解决问题的关键。变临是在模仿的基础上借鉴手法、技巧，在自己的作品中加以运用，从而达到学习的目的。通过这种学习方法可促使学生主动、深入地研究优秀作品，并使一些经典的技法转化成能够掌握的语言，在既定的基础上实现再创造，这正是设计师应该具有的重要能力。其二，尝试突破的更深一层含义是观念意识和手段上的创新与原创。在今天的时代境遇中，创新是必不可少的，也是我们在教学中必须认真强调的重要环节。尤其是在强调原创的今天，图形表现技法拓展、电子计算机的字库字体开发、设计软件研发都能够为我们提供宽泛创新突破的可能性。

通过上述三种学习方法循序渐进，可以解决版式设计实践能力的主要问题。只有这样，学生才能够在版式设计学习中不断攀登。

提起国内的版式设计教学，自然会想到如何正确对待民族本土化版式。大家可以观察一下身边的设计作品，尤其是学生作业，有时会出现盲目模仿西方风格，对使用中文汉字因排版难度而有意回避的现象。但是，作为中国的教育工作者，面对中国未来的设计，我们必须清楚：我们所面对的首先是中国的受众。另外，中国本土的版式设计及其应用情况与欧美一些经济发达国家有所不同。比如，中国的传统版式设计风格是受中国各个时期传统书籍的装帧形式和印刷工艺影响而形成的，虽然不尽相同，但内涵始终一致，以订口为轴心左右两页相对称，内文版式有严格的限定。字距、行距具有统一的尺寸标准，天头地脚内外白边均按照一定的比例关系组成一个保护性的空间，文字油墨深浅和嵌入版心内图片的黑白关系都有对应标准，平面化的插图版式与文字浑然一体，具有恬淡悠远的诗意，形成了与西方完全不同的版面形式。与此同时，几千年的中国汉字历史，源远流长的古代文学，浩如烟海的古籍图书，博大精深的哲学思想，绚丽辉煌的艺术成就，正日益焕发出勃勃生机。因此，我们在版式设计教学中更要重视本土文化特征，对优秀传统版式设计实现弘扬与超越，立足于实际需求，有选择地借鉴西方的经验，更加有效地帮助学生解决在未来工作中面对的问题。

根据这几年的教学探索及实际的设计需求，可将版式设计教学分为以下几个阶段：

(1) 版式设计与信息传播——从传播学角度界定的版式的直接功能是指对意义的理解和美的感动，让学生明白，以信息传播为目的的版式设计，“恰如其分”地让受众接受才是最合适的评判准则。另外还要了解版式视觉审美风格的时代变迁，以及符合时代精神的版式设计的传播特性。

(2) 基于视觉原理的版式构建——为了系统掌握编排设计的技巧，需从格式塔完形心理学和视觉原理的角度阐释编排设计，通过了解基于格式塔完形心理学和人的视觉习惯，进一步认识版式视觉形式美法则，以此开启学生利用视觉原理积极配置版式空间、组织视觉流程，最终学会构建版式。

(3) 版式设计中的形态格局与网格——探讨版式强化训练，增加学生对版式形态的构成意识、格局的划分意识和对网格的使用意识。

(4) 版式视觉要素及表现——研究每种要素本身美的特性和视觉表现方法，开启学生利用图片、文字、色调等要素对版式空间进行视觉美的设计表现，强化学生对版式的表现意识。

(5) 版式设计的视觉传播媒介应用——结合分析不同平面视觉传播媒介对阅读载体的版式构建，搭建起从基础练习到设计应用之间的桥梁。

由前人总结出的版式设计规律与教学方法值得我们借鉴。但是，人对于审美标准和设计认识是在不断变化的，所以，教学也不应该是一成不变的模式化。本书重点从版式视知觉理论和版式视觉美的角度认识版式的构建和视觉表现方法，针对那些初级入门平面设计专业的学生，目的是帮助他们从多元的思考角度把握版式丰富的视觉形式背后的视觉规律和表现形式。书中的学生作业是以再现的方式为大家展开，以便教材更具有真实性与可操作性。

第一章

版式设计与信息传播

授课目标：对版式设计及其视觉信息传达功能有较为深入的认识。

教学重点：理解版式的概念、版式的价值、艺术特点，版式风格在不同时代的演绎以及现代版式设计的功能。

教学难点：西方不同时期版式视觉传达发展的脉络与功能特征。

作业要求：

(1) 查阅西方不同时期版式作品，并对经典版式作品进行分析解读，根据其在视觉传播中的评价方法，结合版式的艺术特点，完成 1500 字的评析短文。

(2) 按照版式的艺术特点找出 5 幅自己感兴趣的版式作品，记录在 8×13cm 的版面上，并试着分析解读。

第一节 ⊙ 版式概念的定位

在平面设计中，版式是在有限空间载体里，通过整理配置具象视觉要素所形成的一种布局构成形式，这些视觉要素包含着丰富的信息内容，表达特定的意义，甚至能体现出特殊的民族或个人艺术特色。版式是以传达准确的信息为目的的。

如今，我们的世界正被各式各样的信息所覆盖，这些被称为“信息”的图文资料、情报、数据、新闻必须通过传播媒介为载体的视觉展示形式让受众接受。曾有人大致估计，当今一份平面媒介所刊载的信息量等于 19 世纪人们一年接收的信息量。而信息发出者却希望能通过一种灵活的、规则的、有规律的抽象视觉形式来实现巨大的信息量与受众之间的良好互动，达成快速、准确、有效地传达信息。所以，版式借助媒介形象的传播以多元化、多维度、多层次的视觉方式呈现在我们面前，它主要涉及广告招贴、出版物、包装、型录手册、CI 等与大批量印刷生产相关联的平面设计(图 1-1—图 1-3)，直接面向大众，几乎无处不在。版式是视觉信息的重要载体形式，它的功能远远超过了艺术审美。对版式进行设计的重要意义在于能够将固化的文本格式，根据

图 1-1　巴黎地铁广告

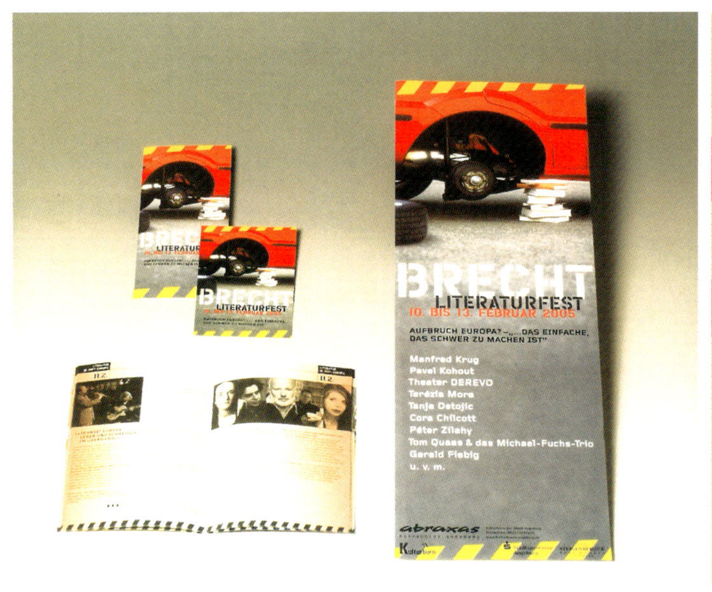

图 1-2　Brecht 文学艺术节传单与请柬　kulturbuero augsburg

图 1-3　内容为多媒体技术培训的招贴版式

内容、目标、功能和创意的要求进行选择和加工，并运用造型要素及形式原理，将构思与计划在有限的空间内进行视觉元素有机排列组合。因为，当泛滥的信息不断叠加，受众需要选择的信息越来越多元，接受和消化信息的耐心也急剧下降，只有好的版式才能让信息本身“活跃”起来（图 1-4 —图 1-6），才能够在最快时间让受众快速理解版式传达的意图，从中得到自己想要了解的内容。当今的设计师充分意识到了版式在这方面所具有的巨大潜力。他们努力工作的目的就是不断追求用理性和科学的手段来正确地传达信息。他们不断审视信息如何转化成为平面媒体版式中视觉元素的识别过程，想方设法凸显重要信息，使其成为视觉亮点，在保证视觉有效沟通的同时，甚至还要千方百计增强版面的阅读感染力，使受众在阅读信息时能与之产生良好的互动。

图 1-4　19–26 岁年轻女性杂志《BYM》内页图解，有趣的版式编排方式吸引了不少的女性注意

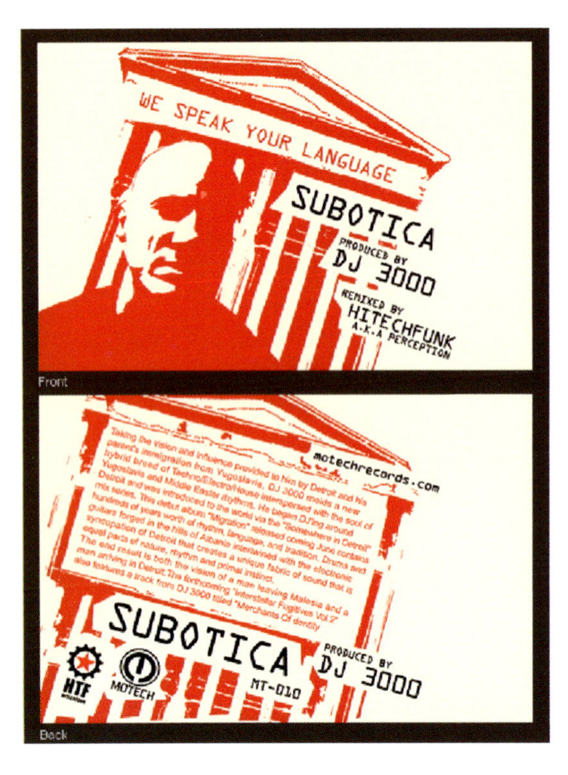

图 1-5　宣传卡片版式

图 1-6　儿童服饰杂志封面版式

那么，版式与艺术绘画中的构图有什么联系与区别呢？构图是绘画的语言，版式是视觉传达设计的语言，它们都以造型以及造型之间的关系为依托，同样遵循艺术表现上的基本形式美法则，如视觉原理、美学原理。它们的区别首先在于二者的载体功能不同。绘画构图是画家借以抒发个人思想、情感的载体。创造构图的方式是围绕艺术家的主观意愿，追求自由审美，通过安排和处理人物的关系与位置，把个别或局部的形象组成绘画的整体。而版式设计则是信息发出者在解决信息传播的问题，即通过何种方法，用什么传播渠道能流畅地传达信息给受众，信息达到受众那里会收获怎样的效果。艺术的审美、创意形式等都要为这一目的而服务。版式设计是在受众与信息之间搭建互动的桥梁，信息发出者（设计师）对被传达的信息材料进行筛选、编辑，并运用图形、文字、色彩工艺等要素进行综合设计使之转换为信息符码，并以媒介为载体将信息传递给受众，受众将符码解读为信息。但是，在媒介信息影响效果的研究中，有学者发现非言语性要素占据了整体影响力的93%，其中视觉就占55%，而语言性的要素只占不到10%的比例。因此得出结论，相对于文字信息而言，对视觉方向的研究应该是版式设计的重中之重。

其次，通过版式在传播过程中收获的效果和绘画构图是截然不同的。美国传播学者格伯纳指出："传播是人们通过信息而进行的社会互动及其过程。"并且在传统的传播理论中，互动是讯息接受者对于讯息内容传递者所产生的回馈。因此，版式设计作为信息传播的载体形式之一，在传播效果方面首先要引导受众很好地进行阅读并理解其意义，然后还要通过美的感动达到取悦、共鸣与互动的效果，否则，就只能称其为美术构图了（图 1-7）。版式中信息传播的互动效果还体现在人们实质性地参与到信息传播过程中，给交流活动带来质的变化。所以，一个好的设计师做的版式要能够吸引受众、打动受众，使受众认可接受的信息布局。正如约翰·里昂斯在谈到设计师职责时曾经说过："每个美术设计师面临的问题并不是能否画得好，而是把版面布局好。"对于一幅广告来说，设计者花费

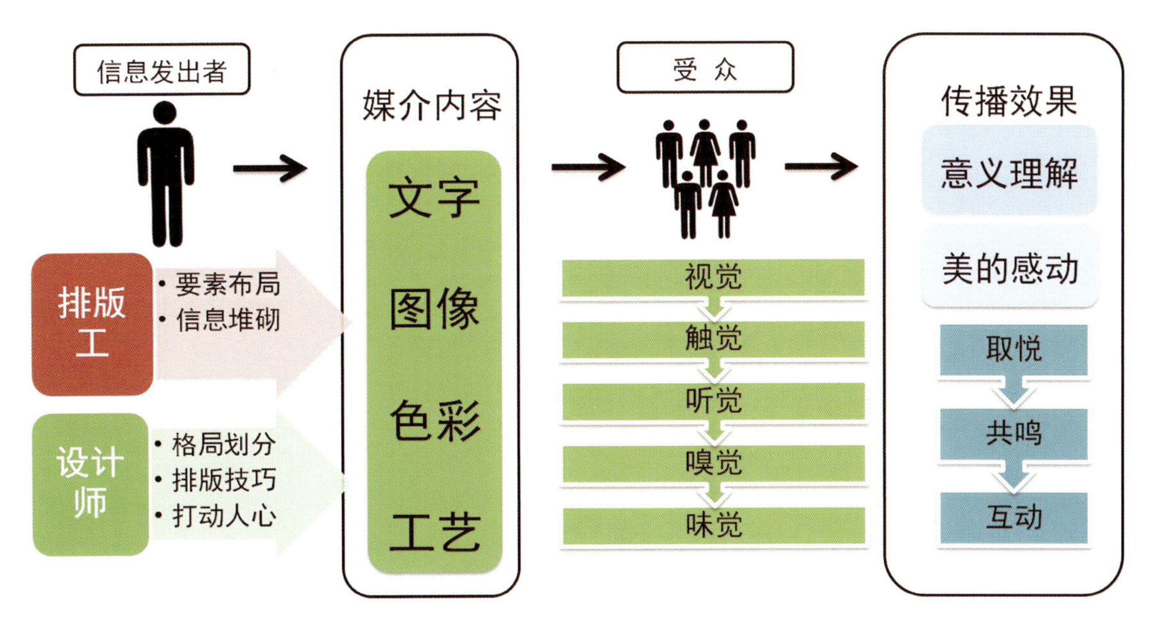

图 1-7 版式与信息传播

了大量的艺术手绘创作和创意表现一个主题或场景。然而，在追求可视性的同时，作者对主题内容的陈述展示方式却未精心考虑，在消费者或受众看来这样的画面往往十分费解，或是让观者在理解上产生歧义。而经过了版式设计的作品传递出的信息往往传播效果更为理想(图 1-8)。所以，构图可以使作品具有可视性，但是版式设计不仅要有可视性，更要具有可读性，要在有条理的传递信息的前提下，让受众能对信息产生共鸣与互动，调动起受众的激情与感受。也正因如此，在版式设计过程中我们绝对不能只从个人和技术审美的角度去衡量一个设计行为，而且，应该时刻记住版式传达信息的正确性永远是第一位的。总而言之，版式以其视觉性、符号性、情感性向读者传播信息并灌输品牌的影响力。如果在充分认识排版与设计两项工作不同意义的基础上，通过排版技巧、格局划分打动受众的视觉、触觉等感官，就能产生好的版式作品。

图 1-8 单纯的绘画构图只能使作品具有可视性。经过介入文字内容等相关视觉元素的有效配置后形成的版式，才能使得图形语义信息传达诉求变得更为准确

通过上述内容，我们对现代版式设计的界定可以得到如下几个结论。

(1) 版式设计是一种以信息传达为目的、有计划的平面视觉展示，是现代设计艺术的重要组成部分。

(2) 版式设计并非个人和艺术的自我表现活动，而是互动的和社会的信息传播活动。

(3) 版式设计并不是独立存在的，而是受主题内容影响和各种视觉元素参与作用下产生的。

(4) 版式设计主要解决设计工作中常出现的实用性与审美性的需求，达到形式与内容的统一。主要目的是展示视觉化的和文字性的信息，使读者能轻松地获取所有的信息，达到与媒介的充分交流互动。

针对教学目标的划定，本书还是把版式设计当作现代平面设计者所必备的基本功而对学生进行训练，重点要解决的根本问题还是根据人的视知觉规律和视觉美的准则，如何把设计要素合理地编排进页面空间之中，做好版式规格和页面空间的管理。这其中就包括了解版式的评价方法、版式设计的相关理论基础、版式视觉美的形式、版式设计的功能分类与表现、版式制作手段等教学内容。

第二节 ⊙ 版式的价值

一、寻找历史和生命中的影子

人类社会早期就把有声的语言作为传递与交流知识的工具，但语言的传播受到空间与时间的限制。于是，人们曾先后使用了结绳、契刻等方法来帮助记忆，但这一方法只能助记，不能直接表达复杂的事物。只有使用文字，才能比较精确地表示事物及其相互间的关系。文字的发明给人类表达需求、阅读和记录信息带来了极大的方便，也产生了最早的版式意识，即按照图形、文字形态的数量组织成一定的视觉形式。并且，由于受到绘制技术手段、特定地域、民族、文化特色的影响，东西方的早期文字都有了各自约定俗成的版式排列体系和阅读方式。

版式的产生源自两类文字体系的形成，一是古代苏美尔人的楔形文字，以及埃及人和中国人发明的以象形为源，既表音又表意的文字符号系统；另一种是古希腊以读音为依据发明的拼音字母语言系统。从第一系统中我们首先就能看出文字排列在人们阅读时的重要性。

西方最原始的书写版面形式出现在两河流域的苏美尔人创造的楔形文字之中。这种文字是用泥当纸、芦苇秆儿作笔在湿泥板上用刻下和挑起的方式书写，字体符号的每个笔画都形成尖尖的收尾，故被称为楔形文字。由于每个字都似一幅具象的画，为了阅读上的方便，苏美尔人是按照整齐的格子书写文字，并运用了一些线框将文字群组分隔，使文字群排列出现一种节奏和停顿的变化。公元2500年早期是纵向排列，从左向右，公元前2800年才变更为横列式(图1-9)。

图1-9 楔形文字版面(局部)

象形文字的版式大多数是以自然界的物体为书写材质而逐步形成的。比如：密布在庙宇圆柱、宫调墙壁上的石刻版式和以植物或动物为书写材料的版式。古埃及石刻上的象形文字版式是图与字相混合，文字排版根据实际需要，竖排与横排同时出现在一个版面上，版面整体利用结构严谨的分隔线，将文字内容有序组织，具有绝妙的装饰性。其中，古埃及著名的《亡灵书》的莎草纸版式也十分讲究，版面中对人物造型图像比例的严谨控制，使得在有限的空间里产生了视觉的多维度变化，装饰形式与内容完美统一，兼具装饰与传播信息的作用(图 1-10)。

中国文字的起源于公元前 1800 年左右的甲骨文和商代的金文。甲骨文是用刀刻在龟甲和兽骨等天然材质的“版”上。考古学家经过考证，在同时期，青铜器、石器和陶器上也出现了甲骨文的书写方式。甲骨文版式的显著特点是：文字自上而下进行纵向排列，空间排列受天然材质的形状和大小制约，字图一体性的版式形式，真实地记录了当时的相关信息(图 1-11)。在河南安阳，人们还发现了大量精美的铜器，上面所刻的文字形态比甲骨文更为具体、成熟，这就是金文。金文已开始表达更为复杂的含义(图 1-12)。金文的版式特征是甲骨文版式的进一步发展，都是从右开始，纵向排列，文字的间距排列有着比较严格的限定，一般为三分之一个字距，行距紧凑，与字距差别不大，有的仅为半个字距，有的则与字距完全一致，秩序感很强。

图 1-10　横向排列的古埃及石刻中的象形文与图形 出自阿比库石碑局部

图 1-12　纵向排列的金文版式(西周晚期散氏盘上的全拓片)

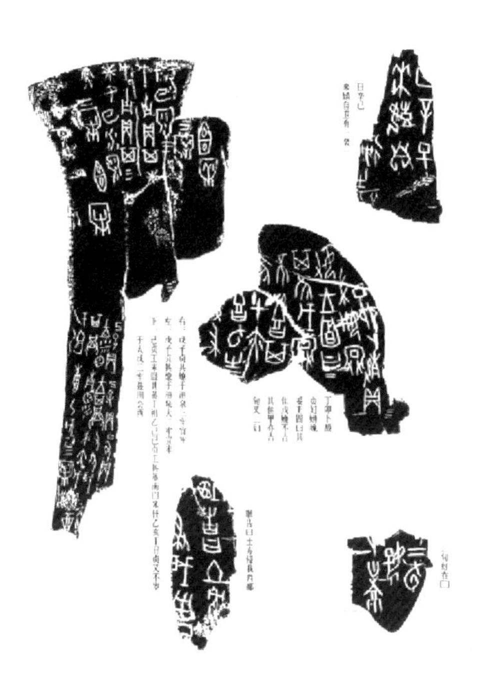

图 1-11　纵向排列的商朝甲骨文版式
资料来自《汉字大观图文集粹》

无论是原始人在泥板上画的图形，还是象形文字，从这些人类早期的信息传播方式中我们可以看出，从人类开始使用工具的时候起，就产生了文字版式的原始概念。有目的地考虑视觉元素的安置方式，来源于人们希望生活能够变得更加方便和美好的潜在愿望。基于规划、安排意义上的版式设计，是信息接收中的一个过程行为，是以目标效果为期望与信息的受众进行交流活动的总和，并且，文字的构成形态占据了重要的位置，同时也影响了版式的演变。

版式不仅是人类历史早期的文字交流方式的重要视觉形式，在人类自身的视觉行为初期——视知觉活动的感知阶段，使用具有视觉逻辑的版式能更好地让信息变得易于识别和理解、记忆。视觉逻辑，就是受众接受信息的先后次序，是视线随

图 1-13　旅行社的宣传册，箭头代表受众接受信息的视觉逻辑秩序，以大标题文字为起点，主导视觉轨迹运动过程，圆形和方形的图片展示细节形成吸引进一步阅读正文内容，从宏观到微观皆体现出定制旅途的无微不至

着构成元素在版面空间沿一定轨迹运动的过程（图 1-13）。在这一过程中，版式的视觉元素通过有序的科学的构建，可帮助观者积累对版面信息的认知，强化主题表达，便于观者顺畅地感悟内容，诉求情感。版式中的视觉逻辑顺序是整个设计的灵魂，它虽然看不见，却支撑着整个设计的思想与信息传达。版面缺少了视觉逻辑，传达的信息就会显得过于"混沌"，不具条理、不具主次，难以清楚表达设计主题所想要传达的信息（图 1-14）。

技术的进步促进了脑科学的发展，如今已经可以通过图像化的方式用眼睛来确认人类大脑的视知觉活动。国内的一些研究学者为了探究版式在人类阅读中所起到的有效识别性作用，以易学性、阅读信息易获取性、易记性、图像感兴趣区域等指标进行科学的数据评估，通过眼动跟踪技术观察被试者在阅读中的眼球运动轨迹，根据热点成像图了解人们阅读时关注文字、图片及其他一些视觉元素的位置和视觉逻辑关系。这种眼动实验从数据分析的角度科学、客观地反映平面版式

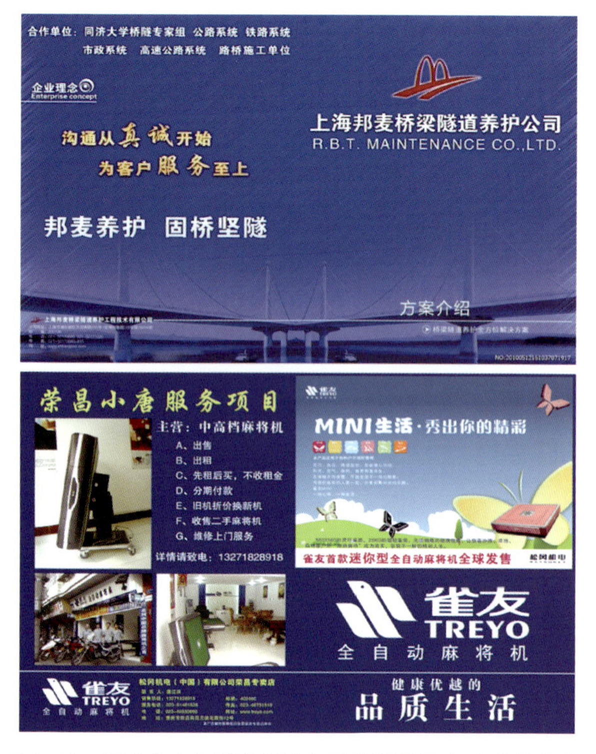

图 1-14　版式中字体群配置缺少了视觉逻辑性，传达的信息显得过于"混沌"，没有主次和条理关系，分不清封底封面

功能的有效性和尚未发现的设计缺陷，并给出建设性的评价参考。例如，他们曾经做过这样一个实验，选出四本不同版式的杂志，将每本杂志平面区域划分为三个元素，即封面标题、封面人像图片以及发行时间。被试者进入三元素的时间略有偏差，排除被试者思维定式以及记忆片段的干扰，测试结果如下：能被众多被试者所接受的杂志的共性特征无一例外地都突出了横向文字大标题、主标题，并且与图片具有穿插关系，构成了视觉逻辑结构（图 1-15），但是其中大标题的编排顺序根据字样和位置的不同，会对读者造成一定的认知影响。封面人物图像照片由于面积较大，读者浏览这一元素所费的时间由图片裁切位置的视觉中心而定。发行时间这一视觉元素通常以人们习惯的右上方为最佳，潜意识中人们会根据自己的

图 1-15　BYM 时尚杂志 LOGO、大标题、主标题、图片之间具有明显的层次

右手习惯找到发行时间在右上方。版式具有艺术创意形式的那本杂志影响被试者所用的平均时间最短，最佳的标题方式为白底衬托以色块的形式呈现，这样编排的主题较为明确且具有最佳识别性。由此可见，当设计师在组织图形和文字传递信息时，他们选择版式这种离人类视知觉十分贴近的形式，是因为大多数平面设计是依赖版式中的视觉逻辑形式影响人类的视知觉能力。好的版式设计是替读者考虑，有助于阅读，提高信息被接受的效率。

综上所述，在人类历史的早期和人类自身的视觉活动中，我们看到了版式作为视觉展示结构介质在信息传播中的价值：它是最为人类所理解、最贴近人类视知觉功能的视觉组织形式。

二、版式设计在信息传播中的评价方法

版式设计评价目的是从多个角度对作品进行优劣分析，得出客观的结论，从而提高设计者的实践水平和创作水平，为将来的设计工作积累经验。评价一个好版式首先遇到的是如何建立评价标准。版式设计的评价方法，是基于视觉信息的传播过程对版式价值做出的判断，其所要考虑的价值因素是多方面的，评价方法也有所不同。主要包括版式设计的功能价值、形式价值、工艺价值、情感价值和创新价值等。

1. 阅读功能价值

版式设计的功能评价由两个方面组成，一个方面是版式信息的流畅性。要从受众和客户的角度考虑版式信息是否看上去工整，是否能高效率地阅读，是否读过之后能够受到视觉刺激，是否能从信息中有所收获。这就要求设计师在了解媒介特征的基础上不能光“凭感觉”对信息进行拼凑，要研究与受众视知觉紧密联系的图文搭配比例在版面空间布局的合理性、版式空间结构的科学性、视觉流程的清晰性、空间视觉层次的阅读舒适性等。另一个方面是版式传达内容的主题信息意识。主题意识往往反映的是设计思维。先有思想，而后才有行动。设计思维是指导设计活动的前提条件，人们解读设计作品的能力是建立在主体思维基础上的视觉引导，受众凭这第一印象，决定要不要进一步接收这一设计提供的视觉信息。缺乏灵魂的版式是枯燥、乏味和缺乏吸引力的，观众不仅不会受到吸引，甚至会把这种东西看作一种视觉干扰。

相反，如果第一印象对观众是有吸引力的，他会集中全部注意力去欣赏，而视觉传达设计师赋予设计形象的种种主体意识，则会在这个过程中源源不断地被观众接受。在版式设计各个功能因素评价中都可以采用比较分析的方法，将评价的对象与其他相关设计作品进行比较，以客观反映作品的设计水平。

2. 形式价值

版式设计形式需要考察版式空间中各种抽象形态和具象元素。比如点线面抽象形态，又或是图片、文字、色彩、版式材质和印刷工艺等有形实体元素，通过彼此间的作用所形成的视觉形式来判断版式的美学品质。由于这些因素的关系相互交织，共同组成版面的整体形式，因此我们既要逐一进行分析评估，又要衡量它们整体的构成效果。如各元素是否符合各自形式美的法则和规律，元素的整体构成是否和谐有序，其形式的视觉特征是鲜明突出还是平淡无奇等。另外，在评价中将评价客体与一些公认的优秀作品进行比较，以获得更加客观的判断。

3. 工艺价值

版式设计的工艺价值可以从版式材质与印刷工艺的角度进行评价。

合适的材质可以较好地体现版式的主题和引发受众心理反应。在方法上可以根据相应的标准和规范，结合实际的统计数据，进行定量分析和比较分析，以获得生态价值的客观判断。

4. 情感价值

每个版式空间都有其各自的功能特征，并传达给受众特定的情感隐喻和心理暗示。因此，版式空间的语言能否表达出某种特定的设计意图，使人们产生某种情感或认知上的共鸣，从而形成对空间功能特征的有效支持等，这些都成为版式设计形式评价的重要方面。

5. 创新价值

版式设计的创新性评价主要运用比较分析的方法。由于设计创新是一个复杂的综合系统，受到不同时代社会、经济和技术条件的影响，有着鲜明的时代烙印，因此在评价中，应该既有版式演进发展的宏观把握，又要考虑比较的尺度和范围，以形成合理的标准和可比性，从而敏锐地发现设计作品中的新生素质。版式设计创新体现在多个方面，主要包括设计观念创新、风格创新、方法创新、功能创新以及材料与技术的创新等。

第三节 ⦿ 版式视觉审美风格的时代变迁

版式视觉审美风格的变迁是众多外部条件综合作用的结果。影响版式设计视觉风格的主要因素有以下方面：

（1）科学技术与社会生产力的综合发展水平。纵观历史，有几项重大的技术发明和生产技术进步对版式设计的发展起到了举足轻重的作用。造纸术是一项重要的化学工艺，纸张的产生使信息的记载和传播更为便捷。印刷术的发明，是人类文明史上的光辉篇章，中国的印刷术比欧洲早了400多年。最原始的印刷方式是秦汉石刻，拓印至唐代被木刻板印所代替，印刷也在全国推广开了。在欧洲15世纪上半叶，德国人约翰·古登堡的金属活字印刷工艺让中世纪1个人100天抄1本书的低效手抄书时代，迈入1天可印刷100本书的印刷时代，印刷实现了信息传播速度的提升。蒸汽动力印刷机和造纸机的发明与改进，大大降低了印刷成本。德国人弗里德利克·康尼格在伦敦印刷业的资助下发明了蒸汽印刷机和双筒蒸汽印刷机，提高了书籍的印刷速度，改良了报纸的印刷品质。英国的威廉·考帕改进了康尼格的印刷机，将印刷速度大幅度提高，使印刷制品为普通大众服务成为可能。1845年，理查德·霍又改良了印刷机，使得垂直版面取得了阅读物的主导地位，文字以竖栏为基本单位。1871年，约翰·莫斯发明了照相排版，将摄影图片运用到了版式设计中，这为版式设计的视觉美提供了广阔的发展空间。1886年由奥托·麦坚索勒发明的排版机，打破了版面常规，完全突破栏的限制，出现了版式的新形式即横排文字、水平版式、标题跨栏等，可见，有利的技术保障是版式向前演进的不竭动力。

（2）地域、民族、宗教因素。一定地域往往聚居着一定的群落，随着时间的延续，社会的发展，对应的民族产生。有着共同的心理因素的民族必然会形成自己特有的文化，比如西方宗教文化对西方早期的版式形成与发展有一定的影响。大量学者做过相关研究，西方早期某些版式形式，与宗教有着千丝万缕的关联。特别是欧洲进入中世纪以后，基督教成为最大的宗教组织，支撑民众精神生活的唯一广泛传抄的出版物是宗教手抄本。比如，公元800年左右的《凯尔斯之书》的羊皮手抄本最具代表性，它是由四部新约圣经福音文组成，书中注重使用插图，每篇短文的开头都有一幅插图，总共有两千幅。而文字与插图相互辉映，装饰字体被广泛使用，版式中往往突出首写拉丁文字母，将其放大后用泥金进行华贵装饰(图1-16)。由于书籍特殊的宗教象征性，整个书籍的制作都是用昂贵华美的材料，实用性相对减弱。可见在特定的时期，特定文化必然会影响民众的阅读生活，与之相关的版式形式也就出现了。

（3）艺术流派风格因素。如果说20世纪之前的版式设计的进步是通过生产力带动了技术的进步，那么，20世纪之后的现代版式设计的迈进便是由于西方现代艺术流派这股新鲜血液注入平面设计的领域中。特别是20世纪初期至中后期，西方一些主要艺术流派及艺术家的思想主张不断影响版式设计的视觉审美特点，引导了现代版式的设计趋势。

欧洲的版式视觉风格发展受各个时期艺术风格流派的影响，从18、19世纪到20世纪期间区别尤为显著，大致分为三个阶段(图1-17)。了解各个艺术流派所形成的重要审美特点会使我们对版式设计视觉审美风格有更深层的认识。

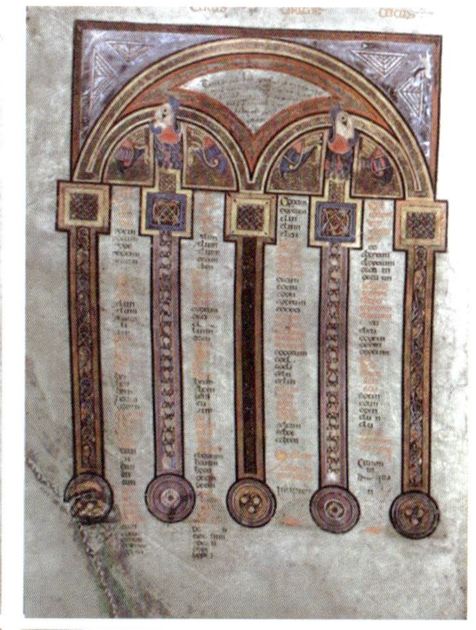

图1-16 《凯尔斯之书》羊皮宗教手抄本是早期平面设计的范例之一

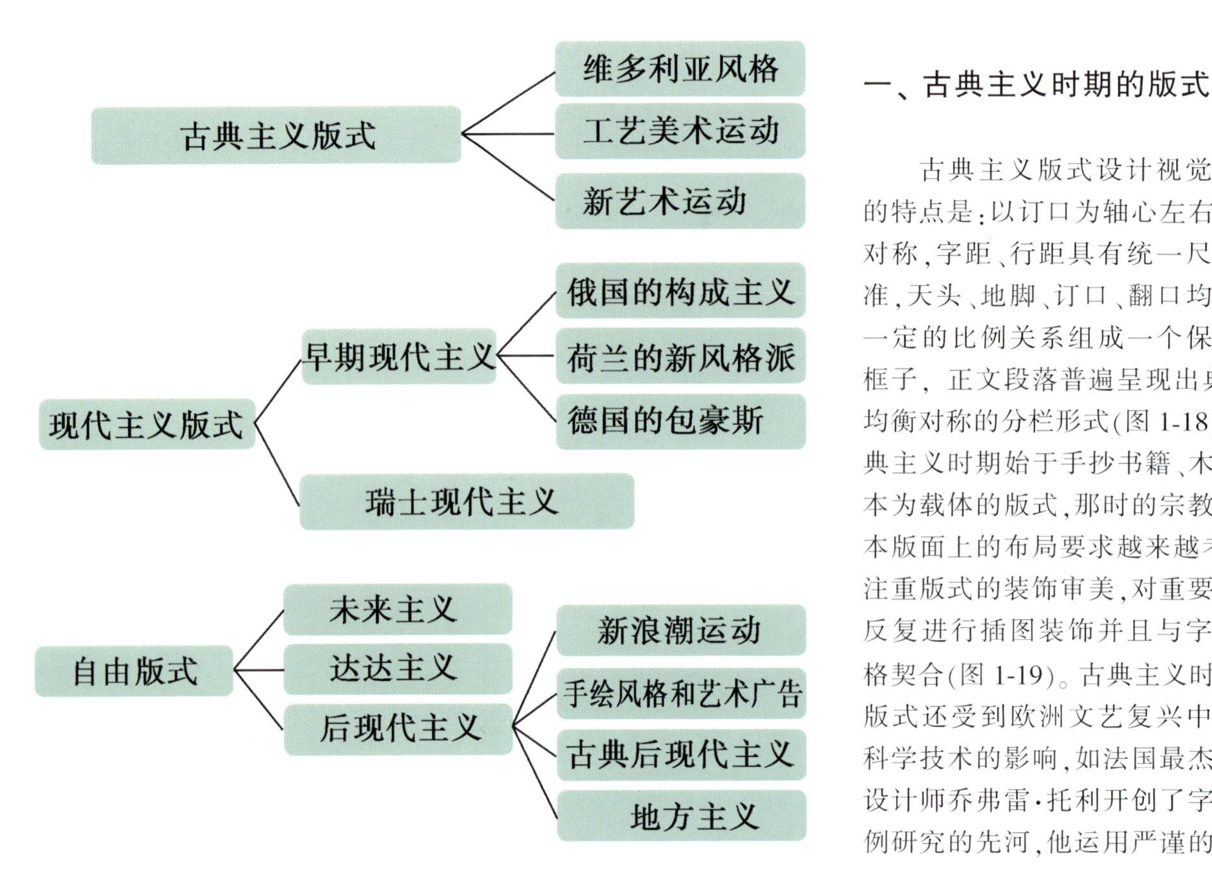

图 1-17　影响版式视觉审美的艺术风格流派一览图

一、古典主义时期的版式

古典主义版式设计视觉风格的特点是：以订口为轴心左右两面对称，字距、行距具有统一尺寸标准，天头、地脚、订口、翻口均按照一定的比例关系组成一个保护性框子，正文段落普遍呈现出典雅、均衡对称的分栏形式(图 1-18)。古典主义时期始于手抄书籍、木刻版本为载体的版式，那时的宗教手抄本版面上的布局要求越来越考究，注重版式的装饰审美，对重要标题反复进行插图装饰并且与字体风格契合(图 1-19)。古典主义时期的版式还受到欧洲文艺复兴中自然科学技术的影响，如法国最杰出的设计师乔弗雷·托利开创了字体比例研究的先河，他运用严谨的数学

SPECIMEN
CHARACTERVM
BEING OF A MOST
FINE & NOBLE NATURE

ABCDEFGHIJKLM
NOPQRSTUVWXYZ

abcdefghijklmnopqrstuvwxyz

abcdefghijklmnopqrstuvwxyz

1234567 8 0

[illegible]

IN THE MIDDLE OF IT THERE IS ONE SINGLE ROCK WHICH APPEARS ABOVE WATER, AND MAY, THEREFORE, EASILY BE AVOIDED; AND ON THE TOP OF IT THERE IS A TOWER, IN WHICH A GARRISON IS KEPT; THE OTHER ROCKS LIE UNDER WATER, AND ARE VERY DANGEROUS. THE CHANNEL IS KNOWN ONLY TO THE NATIVES; SO THAT IF ANY STRANGER SHOULD ENTER INTO THE BAY WITHOUT ONE OF THEIR PILOTS HE WOULD RUN GREAT DANGER OF SHIPWRECK.

For even they themselves could not pass it safe if some marks that are on the coast did not direct their way; and if these should be but a little shifted, any fleet that might come against them, how great soever it were, would be certainly lost. On the other side of the island there are likewise many harbours; and the coast is so fortified, both by nature and art, that a small number of men can hinder the descent of a great army.

But they report (and there remains good marks of it to make it credible) that this was no island at first, but a part of the continent. Utopus, that conquered it (whose name it still carries, for Abraxa was its first name), brought the rude and uncivilised inhabitants into such a good government, and to that measure of politeness, that they now far excel all the rest of mankind. Having soon subdued them, he designed to separate them from the continent, and to bring the sea quite round them.

To accomplish this he ordered a deep channel to be dug, fifteen miles long; and that the natives might not think he treated them like slaves, he not only forced the inhabitants, but also his own soldiers, to labour in carrying it on. As he set a vast number of men to work, he, beyond all men's expectations, brought it to a speedy conclusion. And his neighbours, who at first laughed at the folly of the undertaking, no sooner saw it brought to perfection than they were struck with admiration and terror.

There are fifty-four cities in the island, all large and well built, the manners, customs and laws of which are the same, and they are all contrived as near in the same manner as the ground on which they stand will allow. The nearest lie at least twenty-four miles' distance from one another, and the most remote are not so far distant but that a man can go on foot in one day from it to that which lies next it. Every city sends three of their wisest senators once a year to Amaurot, the chief town, to consult about their common concerns.

UTOPIA
PER SIR THOMAS MORE

图 1-18　古典主义版式

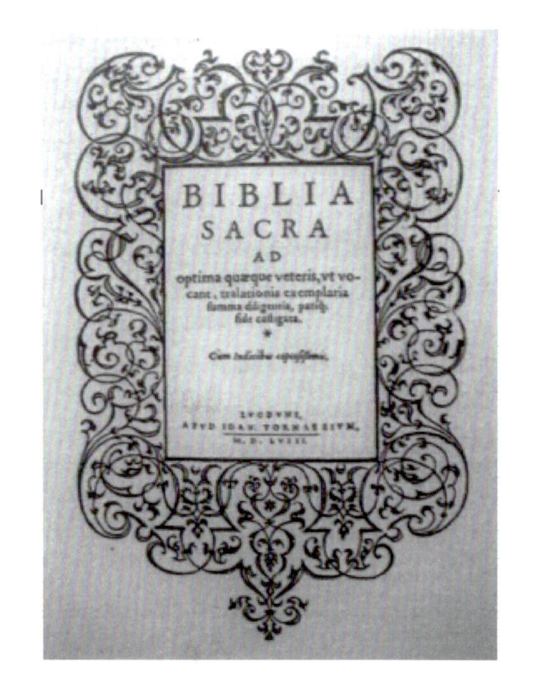
BIBLIA
SACRA
AD
optima quæque veteris, vt vocant, tralationis exemplaria summa diligentia, pariq. fide castigata.
Cum indicibus copiosissimis.
LVGDVNI,
APVD IOAN. TORNAESIVM,
M. D. LVIII.

图 1-19　法国里昂印刷家让·德·图涅斯设计的《圣经》的书名页 (1558 年)

计算方法来设计字母的比例，使字体更加适合阅读；阿伯里奇·丢勒在他的《运用尺度设计艺术的课程》一书中指出在版面设计形式上采用模数设计手段统一字体，从而使字体排版趋于理性化、秩序化。他设计的版面，插图精美，编排上文字和图形的关系疏密得当，紧凑有致(图 1-20)。

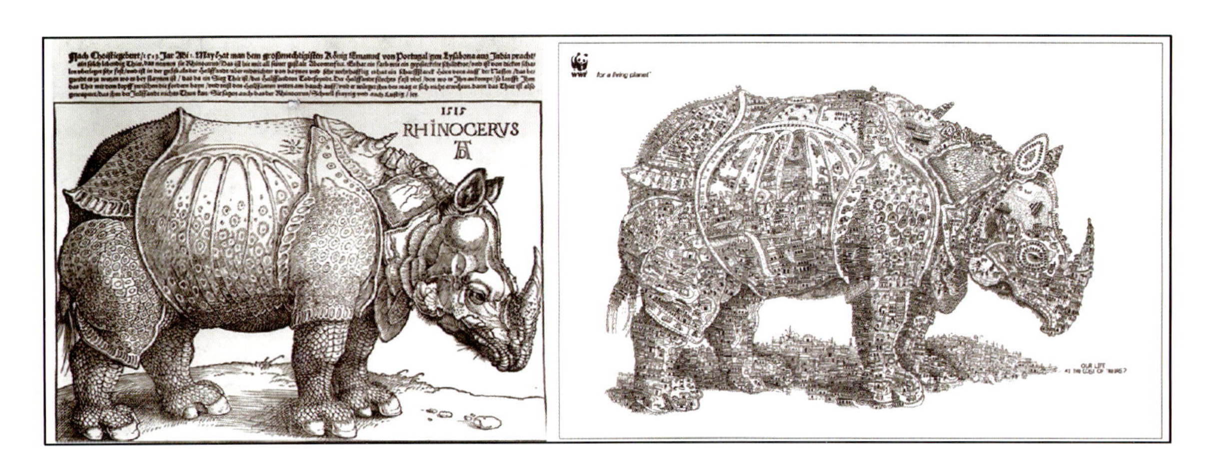

图 1-20　阿伯里奇·丢勒设计的古典版式(左)；对阿伯里奇·丢勒作品视觉元素风格的变临摹写(右)

然而，古典主义版式设计的发展却主要得益于工艺美术运动和"新艺术"运动。1856 年的工艺美术运动是第一次提出反对继工业革命以来工业设计上的丑陋、工艺上的粗糙和维多利亚时期繁琐的设计运动。被称为现代设计之父的威廉·莫里斯是古典主义时期平面设计风格的代表人物，而延续其风格的印刷物版式特点是哥特风格的字体、丰富的纹样，在平面空间组织上通过一定的规律结合灵活多变、彼此穿插，重视装饰细节且不繁琐、不粗糙、不丑陋，整体看起来庄重而统一（图 1-21）。"新艺术"运动时期，以现代海报之父朱尔斯·谢雷特、亨利图卢兹·劳德雷克、奥布利·毕阿莱兹阿尔冯斯·穆夏等艺术家为代表的平面版式作品特点尤为突出(图 1-22—图 1-25)。版式中传统风格被摒弃，装饰构成感强烈，色彩的重要性被强调，且幽默、夸张的图像形态非常惹人注目，还注重图像与文字的形态在版面空间中的相

图 1-21　威廉·莫里斯和凯尔姆斯科特·普莱特设计的书籍内页版式（左）(1896 年) 受古典版式视觉风格影响的现代书籍封面（右）

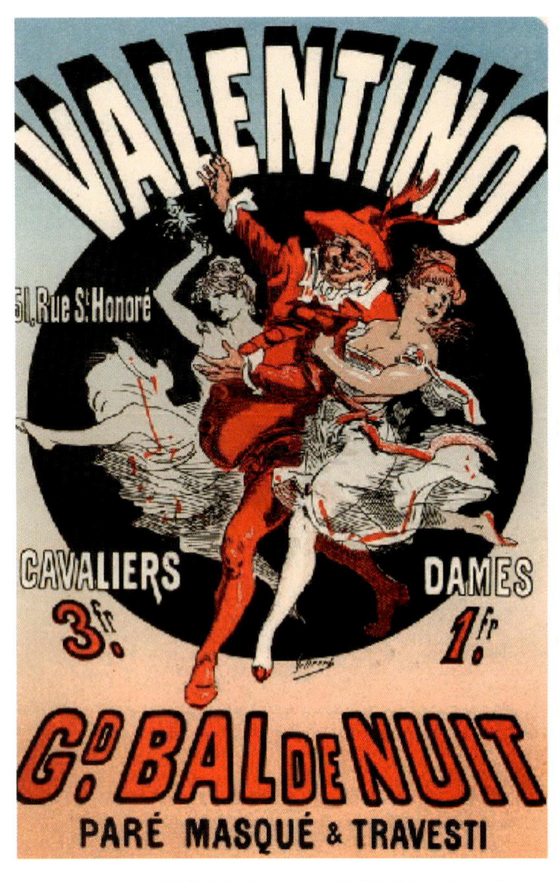

图 1-22　招贴版式　朱尔斯·谢雷特(1870 年)

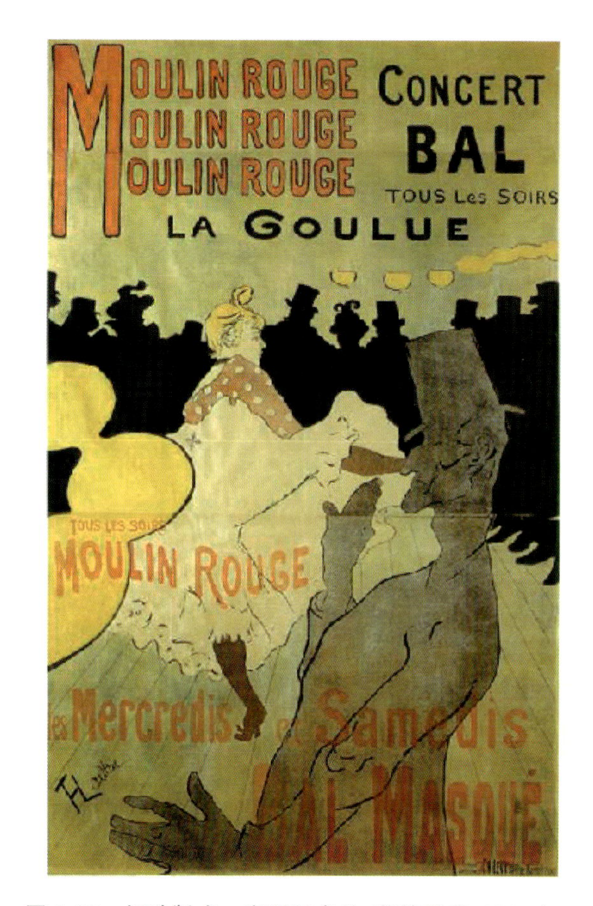

图 1-23　招贴版式　亨利图卢兹·劳德雷克(1891 年)

图 1-24　招贴版式
奥布利·毕阿莱兹(1894 年)

图 1-25　香槟酒广告版式
阿尔冯斯·穆夏(1897 年)

互关系，字随形走。整体版式既有结构功能又有装饰审美意义。还有“新艺术”中的维也纳分离派推陈出新的版式是以严谨整洁和严肃规范、简洁淡雅视觉装饰特点为主，并开始呈现出现代主义设计的理性布局结构(图 1-26、图 1-27)。总之，19 世纪之前的版式视觉审美风格是从对装饰形式的归纳进化到具有现代主义倾向的几何理性的功能主义。

图 1-26 现代主义初露端倪的维也纳分离画派展览图录的封面版式 克罗曼·莫扎(1898 年)

图 1-27 《tropon》海报 (1898)

二、现代主义时期的版式

现代艺术时期，各种艺术运动都带来了新的思维方式，进一步影响了艺术创作的手段。俄国构成主义、荷兰的风格派、德国包豪斯、瑞士现代主义等主流设计思想对现代主义设计的思维方式和理论方向起着基础性作用，它们影响着版式设计的发展道路，并在商业设计中得以体现。

1. 构成主义

构成主义的视觉风格特点是实用性、简洁、设计形式多变。由于受到立体主义创作思维的影响，构成主义在平面设计中对形态、空间形式、结构等元素进行理性的分析与组合。在构成主义看来，设计应该有实用性和明确的目标与服务对象，设计形式要简洁、实用、多变，反对无内容的艺术形式，反对繁琐、杂乱与浪费，反对纯形式的绘画，主张版式的非对称的视觉平衡形式，设计着重于形态美、节奏美和抽象美。在版式设计手法上力图提取几何元素作为形态造型手段，文字多采用无饰线字体，将抽象的几何图形与文字等元素进行构成设计。构成主义设计大师李茨斯基为了发扬构成主义设计思想创办了杂志《主题》，杂志的版式设计清晰，有视觉张力，创作方法理性，用抽象的手段将各元素转化为简单的几何图形，对这些图形进行分割、组织排列，版面空间出现了横纵穿插多种排列方法，使版式具有方向感与生命活力(图 1-28、图 1-29)。

图 1-28　构成主义平面设计作品《主题》杂志封面　李茨斯基设计

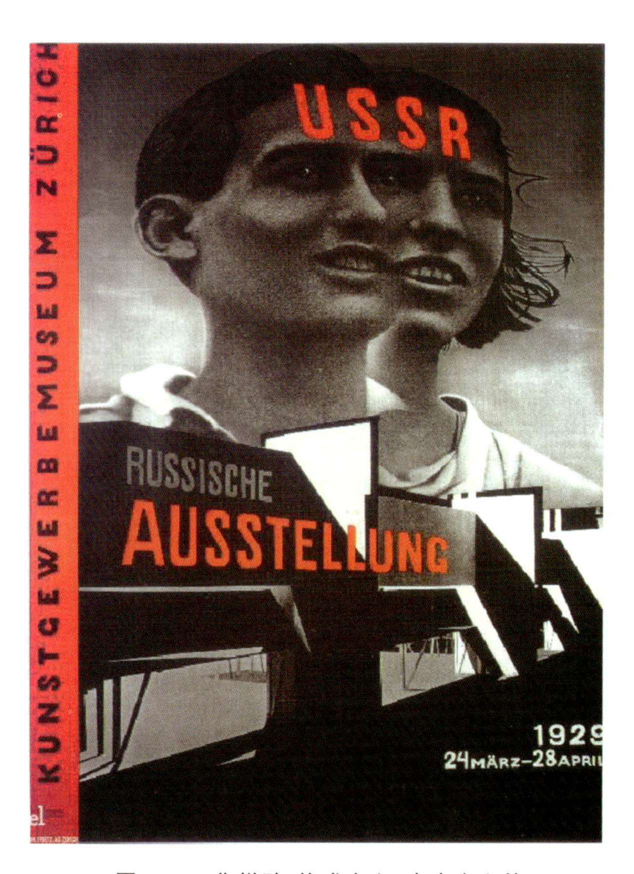

图 1-29　集拼贴、构成主义、未来主义等手法于一体的构成主义海报　李茨斯基设计(1929 年)

2. 荷兰风格主义

同样受到立体主义的影响，荷兰风格主义在设计中使用的大多是严密的几何化的文本组织样式，特别地反复运用纵横几何结构和基本原色和中性色。设计师把具象的特征完全剥除，变成最基本的几何结构单体，并把这些几何结构单体进行组合，形成简单的结构组合，但是，在新的结构组合当中，单体依然保持相对独立性和鲜明的可视性。作品整体呈现非对称均衡，简单、稳重并且富有变化，视觉风格呈现理性、秩序感。《风格》杂志版式完全体现了荷兰风格派的创作特点(图 1-30、图 1-31)。由此可见，风格派的艺术家们对版面空间的理性设计是通过事物表面研究内在

DE STIJL

MAANDBLAD VOOR DE MODERNE BEELDENDE VAKKEN REDACTIE THEO VAN DOESBURG MET MEDEWERKING VAN VOORNAME BINNEN- EN BUITENLANDSCHE KUNSTENAARS. UITGAVE X. HARMS TIEPEN TE DELFT IN 1917.

ZESDE JAARGANG 1924-1925

DE STIJL

NB

12

WARSCHAU

LEIDEN HANNOVER PARIJS BRNO WEENEN

INTERNATIONAAL MAANDBLAD VOOR NIEUWE KUNST WETENSCHAP EN KULTUUR REDACTIE THEO VAN DOESBURG

图 1-30　《风格》杂志版式　凡·杜斯伯格设计

图 1-31　《稻草人》杂志封面，库尔特·斯克维塔斯、凯迪舒泰尼茨设计(1921)

图 1-32　包豪斯广告招贴

规律，看似简单的纵横非对称式版面编排实则是设计通过数学计算的方法进行划分，为版式设计的发展产生了巨大的推动作用。

3. 包豪斯与新平面

包豪斯是现代设计最为重要的教学与研究机构，这个时期的版面注重字体的设计与应用，高度统一了早期现代主义简洁、理性、秩序视觉审美的特点，突出的代表性设计家有李辛斯基 (El. Lissitsky)、赫伯特·拜耶(Herbert Bayer)、莫霍利·纳吉(Laszlo Moholy–Nagy)、约斯特·斯密特(图 1-32—图 1-39)。包豪斯运用网格技术对版面进行划分的理性设计体系和方法对于版式设计上的秩序起着重要的规范作用，并为网格设计的国际主义风格最终形成打下基础。德国人简·奇措德作为非对称及网格构成的倡导者，他提出网格形式必须为内容服务。在他看来，运用网格手段是传达信息的一个环节和过程，即要根据信息的意义来进行版面构成，这样才能获得新时代的自由。留白、文字的间距，以及文字的走向是设计考量的基础。

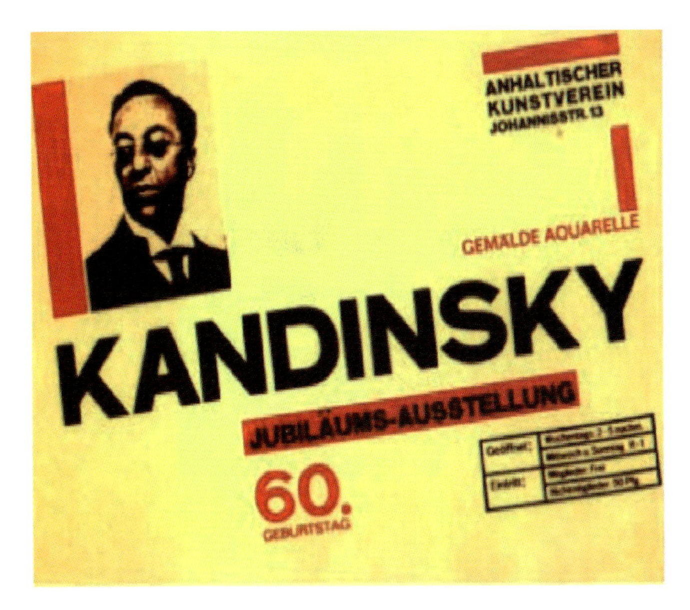

图 1-33　康定斯基 60 寿辰德绍展览会海报　赫伯特·拜耶设计(1926 年)

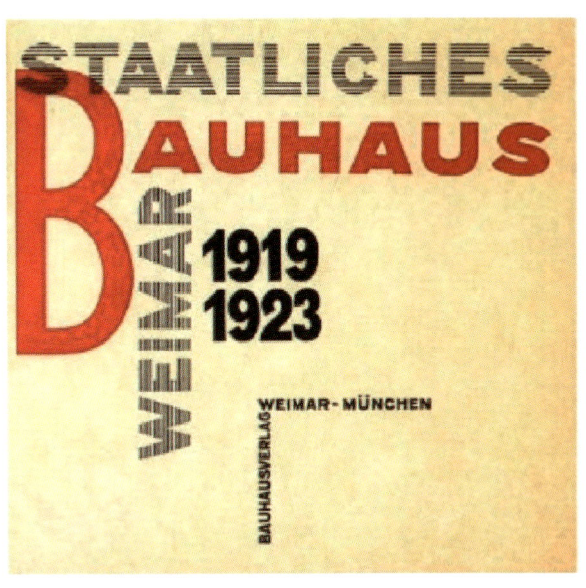

图 1-34　包豪斯展览目录页面版式，标题文字译为“魏玛国立包豪斯 1919—1923”　莫霍利·纳吉设计

图 1-35　封面版式，造型着力于几何形式组合，形成了视觉符号语言
约斯特·斯密特设计（1926 年）

图 1-36　《包豪斯展览》海报
赫伯特·拜耶设计

图 1-37　《欧洲工艺美术》海报
赫伯特·拜耶设计

图 1-38　包豪斯展览海报
赫伯特·拜耶设计

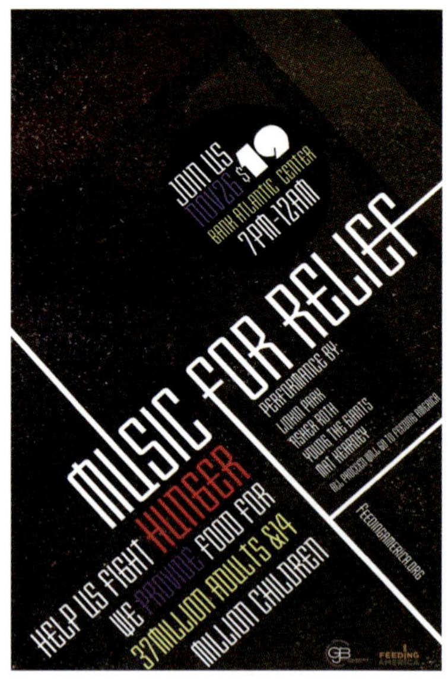

图 1-39　包豪斯风格的现代字体编排

4. "瑞士派"国际主义风格

瑞士国际主义平面设计风格是在现代主义前期发展基础上逐渐形成的，又被称为"井然有序的国际格子风格"。设计家基于严谨的数学度量及空间划分的思维把版面纵横分割出一系列分界骨骼线和模块，这为插图、照片、标志等要素放置打下了良好的基础。几何公式化的标准编排形成简洁的形式和准确的主次信息视觉差异，方格中的空白与有形要素具有同等的功能，版面清晰明了，阅读变得更加容易，既有高度的视觉传达功能，又有强烈的秩序感。起初在 20 世纪初的探索是马蒂厄·劳威里克斯（J.L. Mathieu Lauweriks）对圆形和

方形分割、重复、交叉所形成系列成比例的网格(图 1-40),经过设计家们不断大规模的实践整合,一直到 20 世纪 50 年代在瑞士苏黎世和巴塞尔被统一规范形成了标准化版式结构系统并影响到世界各国。《新平面设计》杂志是国际主义版式风格最典型的代表(图 1-41)。该杂志网格系统包含四个竖向的栏及三个横向域,自然而然地产生模块,所有的内容都可以严格遵循这个模块编排进网格。这个时期核心的代表人物有米勒·布鲁克曼(图 1-42)、汉斯·诺布尔格、艾米尔·鲁德,直到现在,国际主义风格依然在世界各地的平面设计中不断被应用。

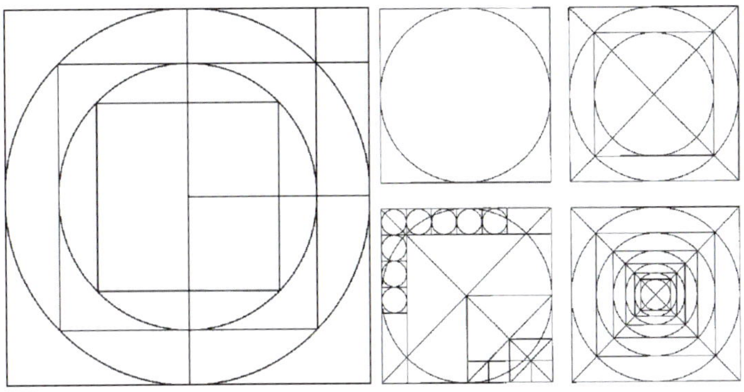

图 1-40　用正方形切割圆形,产生一系列成比例的网格图解　马蒂厄·劳威里克斯 J.L. Mathieu Lauweriks

图 1-41《新平面设计》杂志是瑞士设计家推广国际主义风格的专业设计刊物　汉斯·诺布尔格

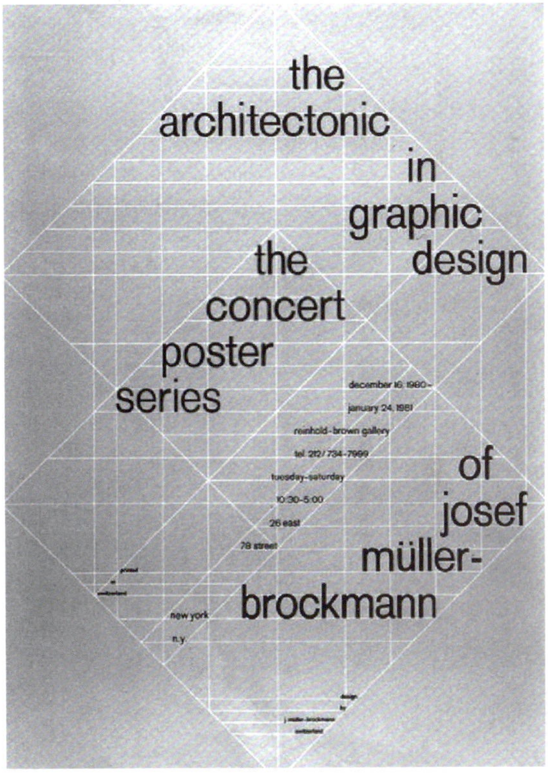

图 1-42　平面设计中的矩阵网格系统　米勒·布鲁克曼(1962 年)

三、自由版式

当西方社会经过二次世界大战后,理性主义的设计占据主导,冷漠化与国际化的网格使全世界的设计师都朝着统一模式化迈进,西方开始对自由版式有了新的思考。自由版式是一种洒脱、自由的设计形式,受到具有反叛精神的未来主义、达达主义和后现代主义的混杂风格的持续影响,视觉特点在于弥补理性设计在感官上的不足，展现了新时代的审美新需求。尤其是在计算机制版技术普及之后，审美情趣国际化倾向更加明显。

未来主义的版式设计提倡“自由文字”的原则，传统的排版模式被彻底推翻，文字不再是规整统一的横纵排列，文字可以组成图形，各种自由的形式被安排在版面上，传达性不再是版面的第一需求，通过无束缚的形式展现主题与思想才是最重要的；达达主义在版面中采用拼贴、蒙太奇等方法进行创作，把文字、插图作为游戏的元素，突破传统的版面设计，强调偶然性，呈无规律的自由状态；荷兰独立派自由版式设计将版面元素文字、插图、版面的组织方式、字体装饰符号等统统视为可用的材料，图片以形态剪裁出来加以利用，在形与形、图与文字中有机穿插，形成一定的受力关系并组合安装，使之变成一个完整的有机体（图 1-43、图 1-44）。这些版式的艺术风格突破了人们原来对版式设计的认识和传统设计的界限，开创了划时代的“自由”新观念。自由版式对于设计者的经验和艺术素养有着很高的要求，设计师必须结合主题合理安排视觉元素以避免“自由”带来的视觉混乱。零乱、繁琐、无逻辑的视觉形态使得一般普通读者难以接受这样的设计形式。正如美国现代自由版式设计家戴维·卡森的作品中字体和书写的规律被改变，但无一不透露出他的思维探索和尝试，在他看来如果设计师能够为作品带入一些视觉的独特性，那么作品也一定会更有趣。

图 1-44　自由版式　杜斯伯格

图 1-43　达达主义流派的杂志封面版式

总而言之，现代意义上的自由版式视觉风格普遍呈现出的共性规律可总结为：（1）版心无疆界性；（2）字图一体性；（3）解构性；（4）局部的非阅读性；（5）字体的多变性（图 1-45—图 1-50）。

这些规律产生了多元素的复合创意，在设定的版面上具有开放性、时效性和空间性特点，营造出新的意念与想象空间，在短时间内抓住观者的视线，完成信息传递。

图 1-45　自由版式 戴维卡森

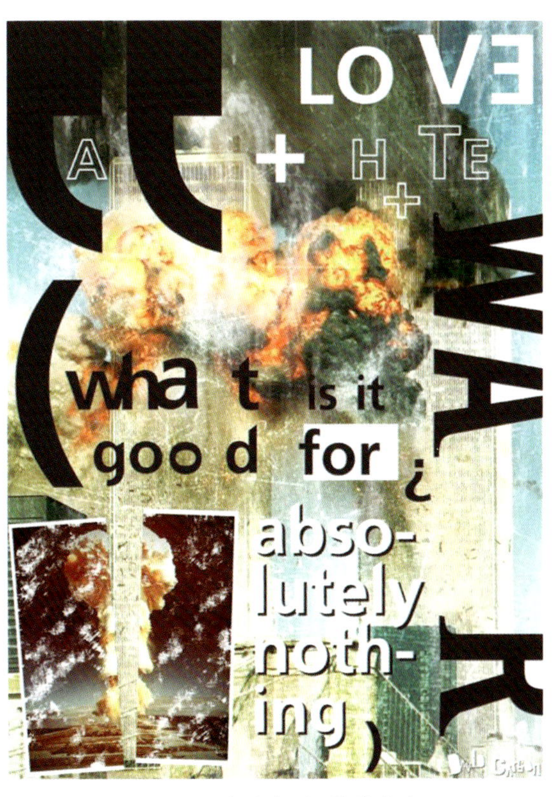

图 1-46 自由版式 戴维卡森

图 1-47　自由版式 戴维卡森

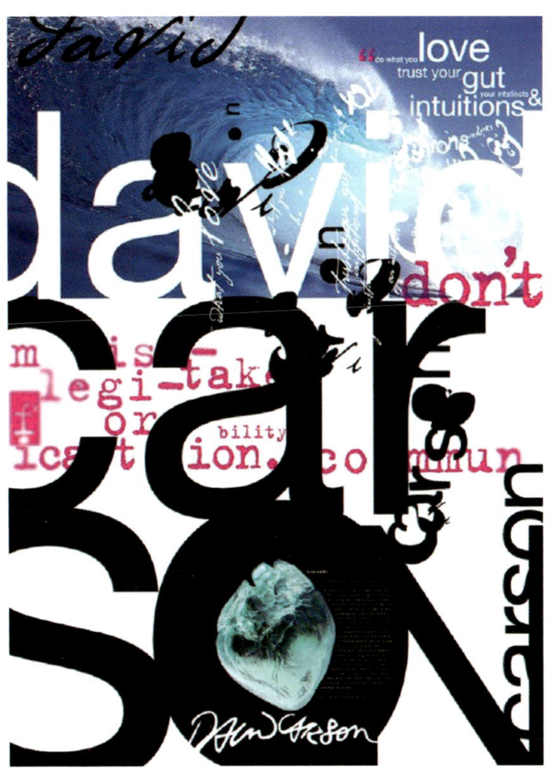

图 1-48 自由版式 戴维卡森

图 1-49 杂志封面 戴维卡森

图 1-50 音乐节海报版式 戴维卡森

第四节 ◉ 版式艺术的传播特性

一、直观性和易读性

当今时代被称为“信息时代”、“网络时代”、“传媒时代”和“读图时代”。版式以具体包含图形和文字的可视形象来表述信息，它丰富的表现力能轻而易举地吸引大众的视线，感染观者，版式的这一特征被称为直观性。版式的直观性直接服务于“大众文化”。在快速运作的社会体系中，大众更愿选择一目了然的版式来了解一切。直观的版式作为文字和口头语言的补充，将图形和文字按照一定的视觉规律组织起来，能引导不同文化背景的人达成共识，可以让商业交往变得十分便利。小到我们身边的生活用品如洗发水的瓶子、药品包装、说明书，还有我们去超市购物的结算小票、餐厅的菜谱，大到公共交往的空间场合如机场、车站、商场的视觉导视、信息系统的版式设计都可达到普遍的识读率，让人能迅速了解导向，把握规则。正所谓“百闻不如一见”、“眼见为实”，版式的形、色、质感以及结合光、声、摄影等手段创造的形象，当其展现在空间场景中时便具有强烈的说

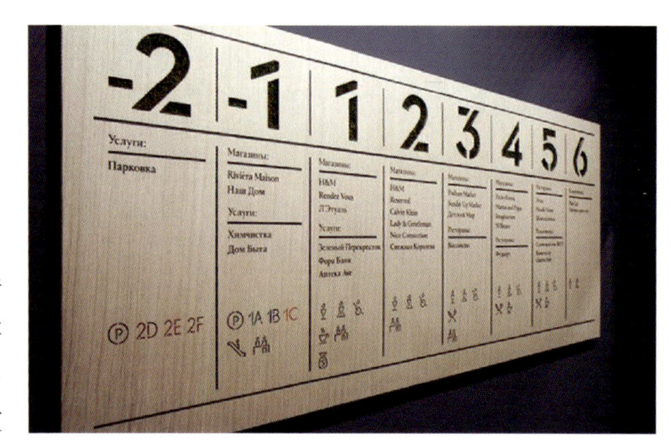

图 1-51 直观易懂的横层导识

图 1-52 展示区域的版式

图 1-53　道路导识版式

图 1-54　商业展示版式

服力和视觉的震慑力，这是其他传播形式所无法替代的(图 1-51—图 1-54)。

据调查，现在人们 60% 的信息来自于视觉。版式以生动的形象呈现于视觉，直观性使传达过程简洁、迅速，因而带来了版式的另一个特征——易读性。版面设计，归根结底是阅读的需要。正如瑞士网格设计师艾米尔·鲁德所说的：一件印刷设计作品如果不能被良好阅读，那它绝对是垃圾。为全美 500 多家报纸设计过版面的《华尔街日报》改版设计师马里奥·加西亚也曾指出版式的易读性要高于一切。“只有便于阅读的版式才是好版式。在他看来，如果没有无数艳丽的图片或漂亮的图表来构建版面的视觉中心，却只能依靠标题和文本这样的字体元素来打造版面视觉冲击力，那么所有基础元素的调整的目的应该都是为了帮助读者最便捷地获取信息。”(图 1-55) 这是加西亚为《华尔街日报》改版时的首要原则。他做了如下调整：标题字号增大，字体增粗，这样的新版面显得更加干净利落，读者能更轻松地抓住版面重点信息；底版颜色更加明亮，马里奥·加西亚对底版颜色都进行了细微调整，报纸仍然保留着仅在封面、封底和广告版使用彩色的传统，但每叠内部偶尔也会破例使用一些彩色线条，使得版面的文字信息更加突出；设计新字体，同传统字体相比，这种新字体可以被压缩得更小，却丝毫不会影响可识别性，避免字体在缩小到一定比例或者排版过于紧密时，许多字母容易产生混淆所带来的阅读困难，更适合数字化的印刷流程。

图 1-55　纯文字编排中依靠视觉比重来制造标题和文本的视觉冲击力

二、差异性和创造性

版式是以视觉传播为目的的，在追求版式直观、易读性的同时，积极发挥版式的差异性和创造性特征也尤为重要。

今天，大量信息充斥着我们的生活空间，各种信息又以五光十色的形式瞬息万变。如何在繁杂多变之中脱颖而出，是版式设计师必须认真思考的问题。作为视觉组织形式的版式，要想吸引视觉，提高注目率，其途径总是求奇、求异。视觉原理告诉我们，通过差异可制造“视觉美”和“视觉显著点(焦点)”。所谓创造版式差异，是在版式里将需要被强调的重要信息通过增强差异性（大小、位置、虚实、疏密、强弱、肌理、形状、色彩等视觉元素的对比关系）将其凸显成为视觉焦点；而起着烘托、铺垫、补充说明的信息通过削弱差异使其退居到后面。“万绿丛中一点红”就会像磁铁一样吸引受众眼睛。具备差异性的自由版式在文字编排方式上遵循了有序形式与混乱形式相对应的视觉效果，并以此来区分信息传达的层次和先后次序，促使版面的视觉中心不断变更，带给作品更鲜明的自由和活力。

当然，现代版式设计的发展已远远超过了在秩序中求得差异这种单一的表现形式。现代化的尖端技术(数码成像、图形处理、声光合成)使版式在视觉感受上达到了前所未有的变化。除此之外，设计者还发挥创造性思维使多种艺术表现风格和艺术表现手段参与进来。创造，意味着打破“传统”的标准，不断创造有新意的版式形式，这是版式设计工作的核心。版面构成中多一点个性，多一点独创性，才能赢得消费者的青睐。历史证明，版式的发展正是建立在创造思维基础上的，创造性往往能突出版式的个性和趣味。版式设计的创造性正在实现从商品到艺术品的蜕变，从功能到审美的时代转型。一些敢于探索、敢于变化的作品都是通过不断创造新的视觉组合和构成方式而衍生出新的版式。可见，创造力同样也可以延展作品的生命力(图 1-56)。

图 1-56 《贝多芬》主题招贴版式 米勒·布鲁克曼设计

三、同一性和多样性

在一般情况下，生动的视觉形式通过版式传递给人准确的信息，但在某些情况下，版式的传播还存在着同一性的特点。通过一些中外海报的版式对比我们会发现很多惊人的相似（图 1-57），尽管组织海报信息的视觉材料不同，可是视觉整体感的相似程度却又能唤起大众的共识。实际上，版式基于视觉原理和阅读识别规律的组织规则会导致版式传播出现同一性特点。视觉心理学在视知觉领域的研究成果将帮助我们理解这些组织规则，并在其基础上形成版式设计方法来解决问题。同样，版式设计中的视觉元素也存在着许多受条件制约的约定关系。因为每个人都有不同的知识背景，不同的国家、民族，不同的文化、地位等，这一切都会对传播效果产生影响。

新颖的主题内容或是新奇的思想会给设计的表现带来多样化的形式，视觉元素的多样性是版式在传播中的另一个特点。但也不要为了在版式设计中追求多样性而将纯粹的大量信息展现给读者，多并不意味着好，我们的工作是要把读者在同一时间内能接收到的有限信息量发挥到最佳效果。一般来说，在特定的环境中读者所感兴趣的不是设计的形式，而是文字的内容，设计更多的形式反而会弄巧成拙。比如新闻类报纸、年终报表等文字信息，清晰、明了、简洁，就是其设计的目的。所以，以信息传播为目的的版式，“恰如其分”地让受众接受才是最合适的评判准则。我们要准确地把握版式设计的同一性与多样性，并建立和谐关系，就必须把握好版式中视觉元素的创造表现，掌握视觉原理的应用方法。

图 1-57　中外海报相似度对比

第五节 ◉ 版式设计的程序

一、定位

在这个阶段，设计者会与客户一同商讨设计项目要达到的目的和效果以及预算，还要对受众以及客户的竞争对手、市场等方面进行调查，直至有明确的定位。

受众定位是开始版式设计工作时首要解决的问题。根据读者的不同而设计不同的版面风格与版面结构，才能更好、更有效地传达信息，受众才能形成对版面风格的印象。对受众进行定位时要以调研问卷的形式分析总结出传播受众的层次及兴趣爱好、消费能力、审美需求以及年代、地区等，版面的吸引力对不同性别、不同年龄段的受众来说是完全不同的。

二、明确方案项目的要求

当今社会，明确一个项目的目的性是很重要的。作为设计师，首先应该明白该版式设计的主要目的是要传达给目标受众群体什么样的信息，其次再考虑采用什么样的版面编排形式能更好地实现信息传达，此外还要结合传达目标群体的不同，考虑在版式设计中应采用的不同手法，这非常重要，有了明确的目的，才能使形式与内容保持一致。

三、组织传播信息内容

1. 编辑内容等级的层次

在设计前，设计者要针对编排内容建立信息主次等级分区。如果设计者自己都无法梳理组织所传播信息的重要程度，那么读者面对纷乱繁杂的版面就会更加无法理解其诉求重点。好的版式能引导读者从哪个信息开始，按照内容主次划分内容等级能给阅读者提供明确阅读点关系。通常，版面内容等级是依据主题来建立，将同级内容归为一类，编写出"等级大纲"。即将一级标题、二级标题、三级标题、正文等进行树状排列。事实上，"等级大纲"一旦编写完成，明确的分区也就自然建立起来。如果设计中表现出来的所有元素都是同等重要，那么这样的设计就会很乏味。

2. 筛选有效的视觉信息元素

有效的信息元素能很好地将主题效果传达到位。构成媒介版式的视觉信息元素中以图形、文字、色彩起到的效果最为显著。设计师满怀激情地投入收集素材、设计素材的工作中，其目的就是为了在进行版式设计时，不会因为视觉信息元素的限制或缺失而无法将商业、技术、艺术三者完美地结合在一起。

四、设计视觉层级

根据前期划分的内容等级的层级大纲，所有的版式都有一个视觉层级顺序，设计师必须理性地用视觉设计来体现和强化这个顺序。在一般情况下，设计师分别采用同级内容就近排列，不同级采用不同的字号、字形、色彩来区分，使整个作品按照主题形成次序。色彩的视觉度要比文字和图形高，尤其是在远距离观看时，这一特征则更明显，图形的视觉度仅次于色彩。文字在整个视觉过程中是最后被关注的元素，视觉度相对较低。因此，设计视觉信息元素的顺序为先色彩，次图形，再文字。在观察一幅平面设计作品时，人的视线首先被色彩吸引，其次对图形产生兴趣，最后通过文字内容对图形、色彩进行理解。距离越远，这种规律越明显(图 1-58、图 1-59)。

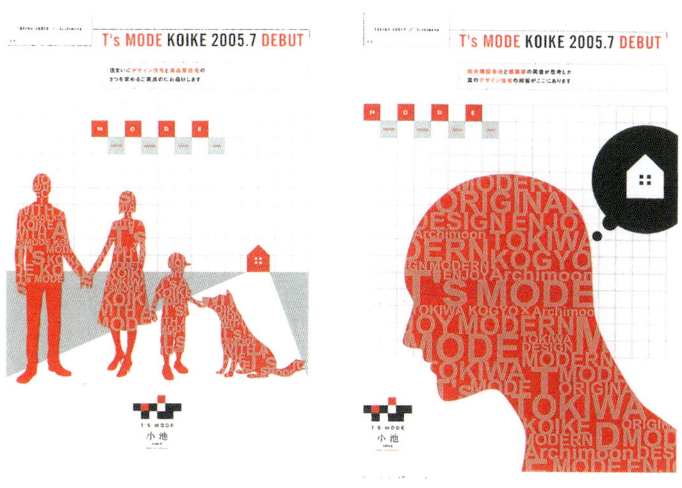

图 1-58　距离越远，人的视线首先被色彩吸引，其次对图形产生兴趣，最后通过文字理解细节

图 1-59　通常来说，色彩和图片与文本部分相比，在版面的层级关系中处在更强势的位置

五、制作方案

制作版式方案过程大致可分为绘制草图、绘制正稿、制作打样。具体过程是：

(1) 绘制多个不同版式的草图，这是艺术设计行业的共同特征。当设计者接到项目并掌握了相关的一切素材资料后，勾勒草图就是最先要做的事情。草图的绘制过程实际上就是设计者思索的过程，如果没有草图的记录，很多灵感稍纵即逝，在与客户沟通后，会有一款方案得到认可，这就是众多草图中的最佳方案(图 1-60)。

图 1-60　草图阶段 学生通过草图记录描摹版式

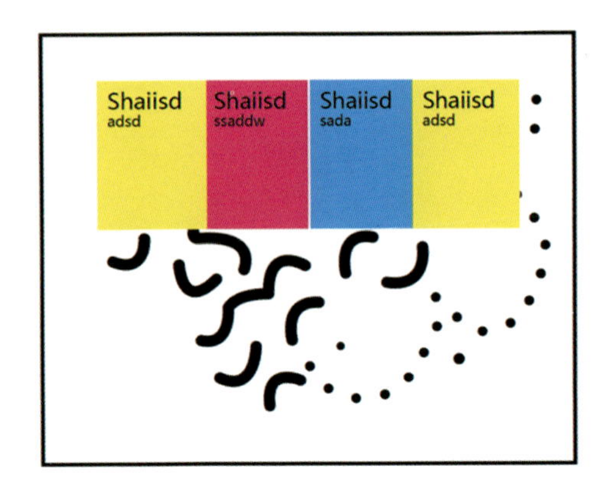

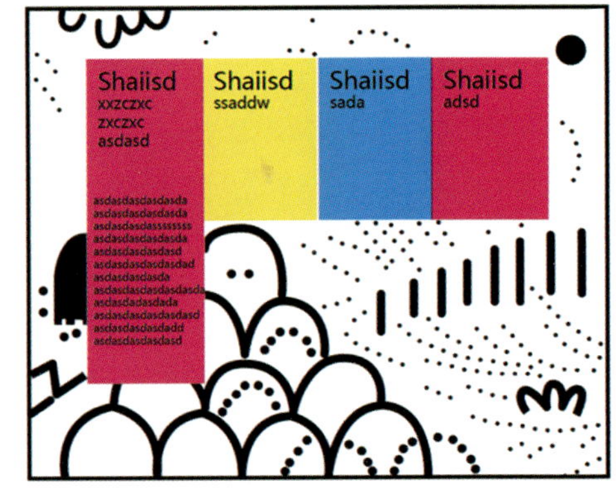

(2) 确定后，就可以开始绘制正稿(彩稿或墨稿)。正稿的标题、文字、图形等与成品是一致的，必须严肃认真地对待正稿的电脑绘制(图 1-61)。打样和最终成品应当是完全一样的。之所以要交给设计者打样，是出于大量印制前的慎重考虑。经过仔细核查确认完全无误后，设计作品就可以进入印刷厂大批量生产。不同的出版物的版式设计，具体设计细节可参照出版物的具体类型和版式流行趋势。

图 1-61　正稿阶段　根据草图绘制出的正稿，体验版式的设计制作程序

课程训练——《记录体验·版式草图的绘制》

内容：按照版式的艺术特点找出5幅自己感兴趣的版式作品，以草图形式记录在8×13cm的版面上，并试着分析解读，课后自行增加练习量。

要求：版式需要出现主标题(中英文均可)、副标题或小标题(较粗的直线代替)、说明文字(用细线代替)、图形(以几何形代替)、点(圆形)。

目的：强化学生的版式设计手绘表达能力。

作业分享：图1-62。

指导老师：邓　瑛。

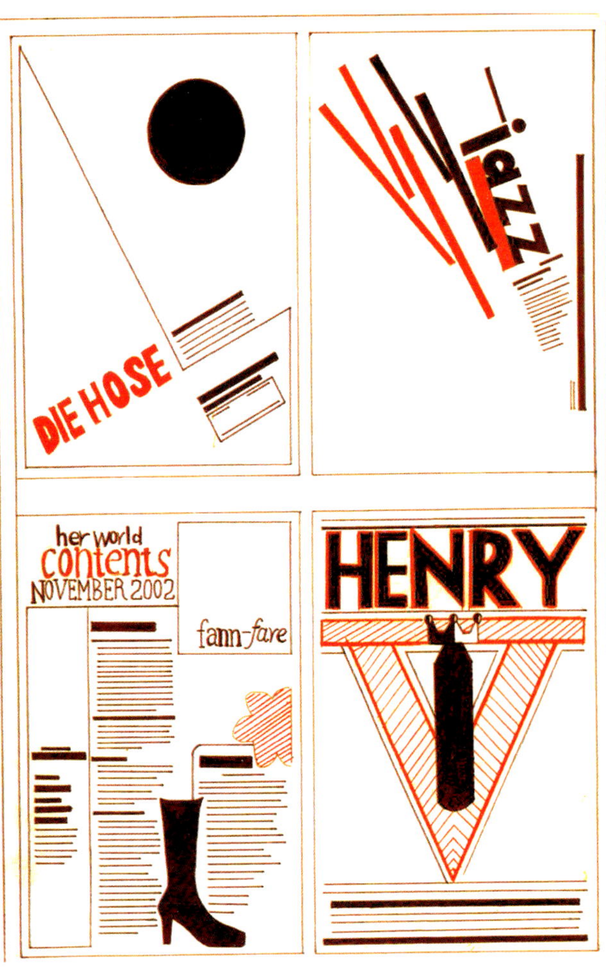

图1-62

第二章

基于视觉原理的版式构建

授课目标：了解版式设计中相关的视觉理论，对对比、调和、对称、平衡、节奏韵律等版式视觉形式原理有一定认识并能加以应用，开启学生利用视觉原理对版式空间背景、视觉流程进行设计。

教学重点：掌握基于视知觉心理的版式视觉形式法则和运用规律。

教学难点：掌握视觉认知心理基本理论在版式设计中的应用；利用视觉心理设计出说服力强、直观准确、主题鲜明的图文版式、视觉流程。

作业要求：

(1) 记录体验：在限定的矩形框中进行视觉流程设计，完成视觉流程图制作。

(2) 设计实践：组织图片、文字内容，按照限定要求完成若干幅主题鲜明的版式设计，训练图文混排的基本设计能力和版式空间的处理能力。

第一节 ⊙ 版式设计的视觉理论基础

视觉是人与周围世界发生联系的最重要感觉通道，也是信息传达最终的接收器。版式设计与视觉原理有着密不可分的联系。认识和学习版式设计中与视觉相关的基础理论，会对版式设计起到事半功倍的作用。

一、格式塔视知觉理论

我们在研究版式的视觉原理时不得不提到一个著名的心理学分支，那就是格式塔心理学。格式塔理论是现代西方认知心理学的主要流派之一，也被称为“完形”心理，主要指经由人的知觉活动组织成的经验中的整体。对这个经验中的“整体”，按照格式塔理论分为两个层面来理解：第一个层面是从受众的角度来说，视知觉的主动性和组织性总是用尽可能简单的方式从“整体”上认识外界事物。第二个层面是从外界对象角度来说，视觉形象首先是作为“整体”被认知，即人们在观看视觉形象时，首先是将对象作为统一的整体来看待，而后才以部分的形式被认知，并不是在一开始就区分一个形象的各个单一的组成部分。格式塔心理学理论传递了一个很重要的观念，即我们先“看见”一个构图的整体，然后才“看见”组成这一构图整体的各个部分(图 2-1)。因此，在设计中首先应将整体观念放在表达的第一位，因为任何细节的变化都不能超越整体而存在，视觉感知的“整体”不等于部分之和。比如一个矩形，是从四条边的特定关系中“凸显”出来的，但绝对不是四条线段之和的简单相加(图 2-2)。同样，一个版面的印象也不是图形、文字、色彩等诸感觉要素的简单相加和堆砌。所以，格式塔心理学在视知觉领域的研究成果，对视觉传达设计影响深远，也使得我们在进行排版时具有了可以依据的理论基础。一个好的格式塔是多样统一的“形”，在这个基础上就非常容易理解为什么在排版中需要追求变化与统一的法则。格式塔视知觉理论也将帮助我们理解视觉的“感知方式”，用以指导我们如何将版面中的视觉要素、材料组织成易于识别和理解的视觉“整体”，在此基础上寻求局部变化，更好地传递信息。

格式塔视知觉有 5 个基本特征可用于指导版

BAUMANN
MARGRIT & ERNST

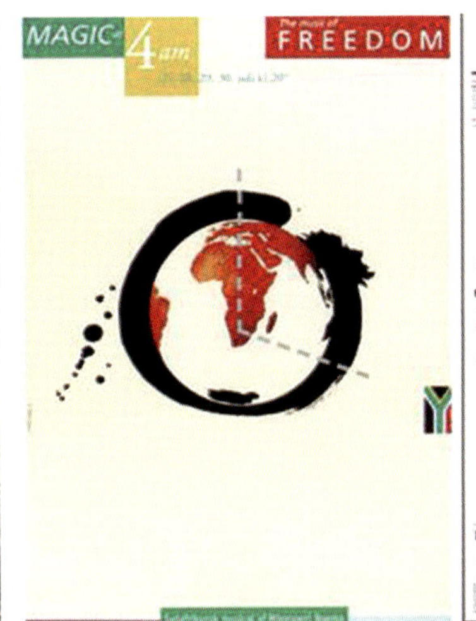
MAGIC of 4am
The music of FREEDOM

Food
WELL ROUNDED

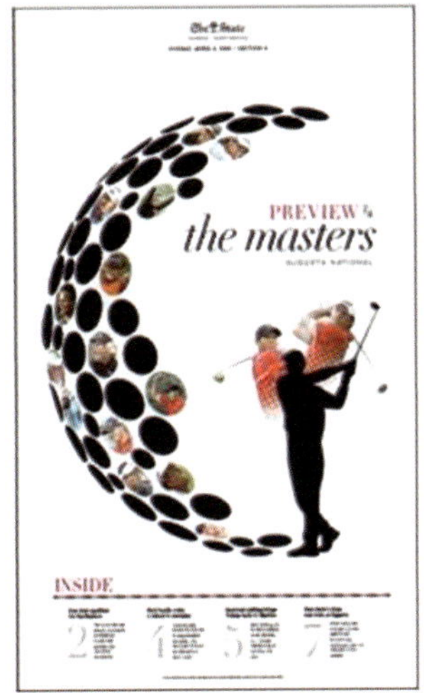
PREVIEW
the masters
INSIDE

BBB-Aula Baden
Das Jubiläum:
50 Jahre Jazz in der Aula
Samstag 22. November:
Anachronic Jazz Band
Sonntag 23. November:
Jan Lundgren-Harry Allen Group
Claude Tissendier & Saxomania & Karen Sharp
George Robert & Harry Allen
www.jazzinderaula.ch

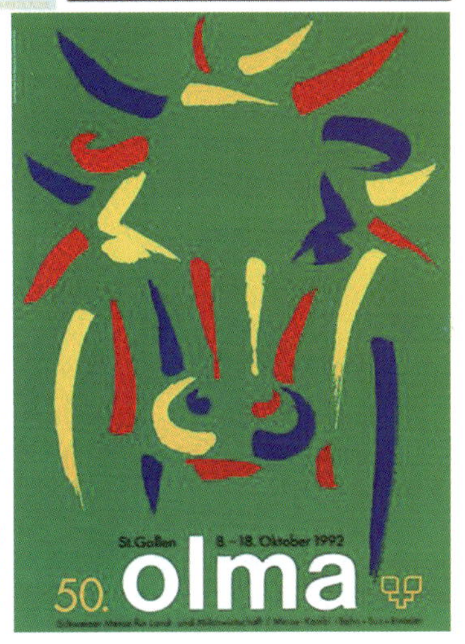
St.Gallen 8.–18. Oktober 1992
50. olma

图 2-1

T Y
P L
A K
A T
P E O

Museum
Toledo
of
Art

图 2-2

式信息之间的视觉组织关系。

1. 主动性特征——选择和加工版式信息

格式塔视知觉强调“人的视觉是一种主动性很强的感觉形式”。这主要体现在：(1) 视觉能够主动选择信息。视觉总是优先筛选那些相比较来说在色彩、大小、形状、材质等方面具有较大差异的信息，并总是用尽可能简单的方式从整体上认识外界事物。(2) 视觉能够主动加工信息。人们总是能够很快地识别熟悉的或是曾经见到的类似信息，便是由于对那些与当前目标信息有关的视觉记忆信息的加工，才使得当前视觉信息易于识别。再者，在识别场景信息时，我们总是能够轻易地识别诸如此类的场景：激情的运动场、田间小道和游乐场，即使没有到过这些地方，我们也可以在很短的时间内做出明确的判断。

综合案例点析：图 2-3 是奥迪某款汽车的一套宣传册设计。主题策划围绕该车造型和使用功能的特点，分别展开“完美触感”、“聚焦吸引”、“视听活力”、“呼吸自如”等设计诉求。选择版式图片的过程是围绕诉求点选择了受众平日里所熟悉的类似通感场景照片进行信息加工，将局部特写和汽车内部功能的局部证据做了有机联系，加上主题文字和说明文字横向编排在照片局部放大的视觉中心，这些都使得受众间接通过熟悉的画面，快速地识别并判断出翻页之后是汽车特征的信息，同时也联系到汽车的功能。

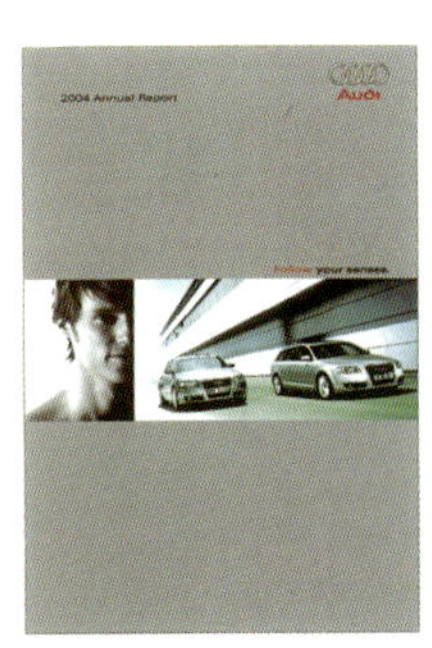

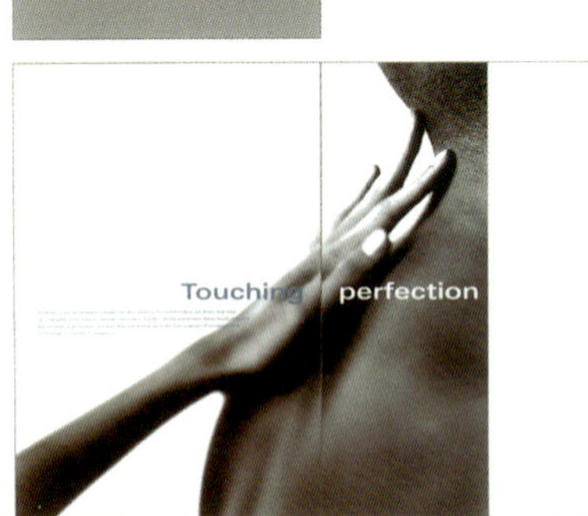

图 2-3

2. 接近性特征——组团划分关联的信息

视知觉的接近性特征认为，物体之间的相对距离会影响人类感知它们是否以及如何组织在一起。研究发现，某些距离较短或互相接近的部分，容易被知觉为一个整体。互相靠近的物体看起来属于一组，而那些距离较远的则不是。同样，移动版式视觉元素的物理位置，使版式同类信息项的物理位置相互靠近，它们将被看作是集合为一个整体或一个群组，而不是彼此毫无关联的片段（图 2-4、图 2-5）；反之，彼此无关联的信息项，版式物理位置上应拉开其距离。物理位置的接近或远离，意味着信息逻辑上存在着关联或不同。视知觉的接近特征指导我们要对版式元素信息进行组团划分。这是版式信息条理化分类的重要手段，根本目的是实现信息组织的条理性，减少混乱，为受众提供清晰的结构，有条理的信息将更容易被阅读。

图 2-4

图 2-5

3. 相似性特征——协调版式视觉风格

视知觉的相似性特征是指在统一空间里的对象各个组成部分无论距离是否相等，大小、方向、颜色、形态、结构、质感、手法等方面相同的部分就很容易被知觉组织成一个整体。通过元素属性上的相似可以将多个信息项联接成具有“整体视感”的知觉图式。我们要根据视知觉的相似性接近特征，学会对版式元素进行统一协调。版式的编码者必须同时关注两个层面：一是元素含义间的相似统一关系，它是保证受众解读信息的基本条件；二是形态间的相似统一关系，它是唤起受众视觉经验的必要条件。这是版式形式统一的重要手段，根本目的是实现整体性，既能保证版式有多种表现手段又能保证信息条理依然清晰可读。版式的每个部分彼此之间的统一联系就是利用视知觉的相似性特征创造的。协调版式的方法是保持版面元素的形态、风格或含义的相似性，并且尽可能地将这些相似视觉信息相对集中起来。这样才能达到版面的完整并形成完整的视觉情绪感（图 2-6、图 2-7）。

图 2-6

图 2-7

4. 连续性特征——延展版式视觉风格

视知觉的连续性特征是指在统一空间里的对象即使各个组成部分并不一定相似或一致，大小、方向、颜色、形态、结构、质感、手法等被连续使用，其延展性仍很容易被知觉组织成一个整体。通过元素属性上的连续延展使用可以将多个信息项联接成具有“整体视感”的知觉图式。我们要根据视知觉的连续性特征，延展版式元素的视觉风格（图 2-8）。

图 2-8

图 2-9

综合案例点析：图 2-9 是一套商业杂志的版式设计。Logo 的主色调和造型被设计师巧妙地连续延展利用做激活空间的方法，让复杂的多页面充满了变化和节奏，却又不失统一。这个作品对于报纸和杂志的设计具有较大的参考价值。因为在这类版式中，设计师往往陷入复杂而数量众多的图文信息中，要让这样的页面具有可读性和节奏感往往需要借助空间的分割技巧。

Die 100 Besten Plakate des Jahres 1994

图 2-10

5. 封闭性特征——挖掘积极的视觉空间

视知觉的封闭性特征是彼此相属部分形成的空间，一般会被认为是一个整体；反之，位于文字和图像之后的背景区域则容易被隔离开来形成消极空间。人类的知觉印象会随着环境的变化逐渐呈现出最完善的状态，他们会把不连贯的有缺口的图形尽可能在心理上使之趋合，这就是闭合倾向。具有闭合倾向的完整性在所有感觉中都起着作用。我们要根据视知觉的封闭性特征，充分挖掘版式的积极视觉空间。通常，版面上的空间是在二维环境下的视知觉的延伸，它没有真实的深度，它是一种节奏和视觉停顿的心理暗示。如果没有空间，版面中的文字、图形就没有间隙，密密麻麻编排在一起，给人一种压抑和紧张的感觉。一旦在文字、图形中有了空间，便如林中小憩，顿生舒适度，增强阅读的节奏。消极空间的特点是不具备能够被识别的形态。版面中最容易被忽略的视觉要素就是消极空间。相反，如果经营得当，巧妙运用，它也会成为版式设计中积极的视觉展示部分(图 2-10—图 2-12)。

图 2-11

图 2-12

版式的编码者必须同时关注两个层面：(1) 版面空间的留白。版面上的留白是在视线焦点的地方留出空白，形成让人思考的间隙。留白设计时要注意与主题物体的距离，它们两者相邻而生；同时注意留白的面积大小，大面积留白与小面积留白是否具有视觉空间感。正是因为版面上有留白，与主要造型形成对比，才能塑造出引发受众停顿或思考的形态（图 2-13、图 2-14）。(2) 视觉形态正负空间的虚实关系。它是指正负空间的设计利用了知觉完形的异质同构规律，使形态和空间通过共用面积而产生共生状态。在视觉焦点的转换中，形态和空间不断产生有趣的互换。除了共用空间外，还可以共用边界线，产生正负空间的共生状态（图 2-15）。

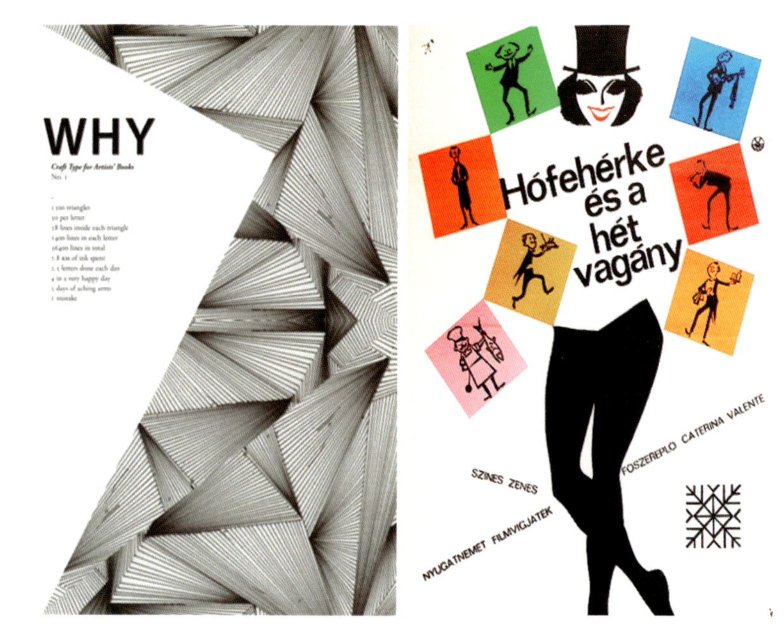

图 2-13

图 2-14

Out of Control

The Unlikely Road to War

How Cities Change

Is Ukraine the Next Yugoslavia?

图 2-15

综合案例点析：图 2-16 是宣传手册的版式设计。品牌文字形态的大小变化被重复使用作为版式中积极的视觉部分被展示出来。受众的视知觉会处于版式留白空间和品牌文字消极形态空间的有趣视角变换中。

图 2-16

二、版式设计与人的视觉习惯

“观赏者能看见什么，取决于他的知觉探索。”乌尔里克·奈塞尔在他的《认识和现实》中指出人在观察读解对象时，受其主观知觉心理的影响和制约，总是以自己已经形成的对事物的了解方法为基础，来认知和组织所看到的东西。每个人看一样东西，可以有不同的理解，用不同的方式观察同一事物，可以看出两种不一样的东西。另外，科学家们通过对“看”的神经系统的研究为版式视觉流程的功能提供了理论依据。研究得出结论：人们“看”的视觉习惯其实是有意识的注意。人的这种视觉系统工作过程是：大脑中的一部分根据低层特征为我们所需的信息构建出粗略的特征图。比如前往水果市场选购橙子，大脑就会调整低层特征感受器，这样感受到的柠檬黄色物体发出来的信号就会比其他颜色的信号更加强烈，橙子的形状发出的信号也是如此。同时大脑构建一个可能会有橙子的潜在区域粗略图。大脑的另外一部分就会建立一系列的眼睛运动，指引眼睛关注这个空间中所有的潜在区域。眼睛一系列运动与图案处理器同时工作，筛选所扫视到的信息，核对目标区域中可能出现的橘子，或者是别的水果这个过程会一直持续到找到橙子为止，或者确定这里没有橙子。这个过程是有效的，但是并不成功。看的过程除了包括上述两种视觉习惯外，人对外界刺激物的视觉感知总是具有主动性和整体性把握的趋势，所以人们看一个画面时视觉信息有被优先选择的特征，比如在相同条件下，人们还会按以下次序观看：人物→风景；动物→静物；金属→光泽；左→右；前→后；大→小；图→背景；熟悉→不熟悉；实→虚；色彩→无色。这和格式塔心理学的视知觉观察次序不谋而合。由此看来，人的视觉系统有着自己的认知规则，这就是人自身的视觉习惯对版式设计的重要影响。

人类在长期视觉经验中所形成的特殊的视觉习惯是设计师们在版式编排设计中首要考虑的客观因素，合理运用人的视觉习惯能够获得最大的视觉效应并在版式编排设计过程当中揭示人在接受版面信息时的习惯方式和习惯次序。自上而下的阅读方式是人们普遍形成的视觉习惯，也是目前司空见惯的版式编排形态的成因，对大部分版面编排设计而言，版面的次序流程是建立在这种视觉习惯基础之上的。也许是受到地心引力的影响，在实际的版式编排设计过程中为消除引力所带来的不稳定性，通常要通过调整以体现更加均衡的版面编排样式，经验性做法是将版面中心进行上移调整，形成“地脚”大于“天头”的版式编排形式，以消解由引力所带来的视觉错觉和误差，从而寻找到版面中真正的视觉中心和平衡点(图 2-17)。

1.5

版心

1

2

3

图 2-17

三、版式设计中的视觉心理

版式设计中的视觉心理就是指版面中各种视觉形象与元素等视觉信息构成的整体的版面效果，使得读者在视觉上相互反应，从而产生的相应的心理感受。

影响视觉心理的因素主要包括两个方面：一是视觉生理因素。视觉生理因素是指版面中各种视觉元素对视觉引起刺激而产生的生理反应。心理学家研究发现，如果在版面当中加入大量红色信息元素，相对其他颜色会使人的血压升高，脉搏加快，情绪波动较大，反应较为警觉；而在版面当中加入大量蓝色信息元素，人的脉搏相对减缓，情绪也更放松和沉静。这些都是色彩造成的生理性反应。除了色彩外，版面中其他视觉形象同样也会对人的视觉生理产生影响。二是情感心理的因素影响。它是指视觉信息带给人们视觉联想而引发的心理反应。当视觉感知到版式中某种信息时，大脑即刻产生意象的联想，从而赋予这种信息以不同的符号含义。人们对版式设计中的视觉信息产生的情感心理反应，是源于长期形成的认知习惯。如果经常用某种视觉信息来寓意某种特定的含义，那么这种视觉信息就有了约定俗成的象征含义。在视觉信息传播过程中，视觉信息象征具有地域性或民族性的差异。在中国，十字形象往往被人们联想到伤亡或是悲伤，然而在西方，它则是神圣、不可侵犯的象征。视觉信息的情感心理和象征意义完全出于人们长期的视觉经验和认知习惯在知觉心理中潜移默化的结果。此外，版式信息产生的视觉心理还依其职业、个性、情绪、态度、年龄等有很大的不同。所以，设计者决定对视觉元素进行编码，创造让观察者便易而迅速读解画面的结构并因此了解作品内容，而视觉元素解码的内容层面却由受众决定，好的版式作品应该合乎受众的心理认知习惯，便于他们正确无误地读解设计内容。倘若设计师编译出的符码不能与受众的视觉心理经验实现等同，信息则传而不达。因此，在设计版面时，灵活运用视觉信息针对相应产生的视觉心理是版式设计取得成功的重要创作手段。

四、人的阅读方式

人类在长期视觉经验中所形成的阅读方式也是设计师们在版式编排设计中首要遵循的视觉原理。一般拉丁文与汉字的排版相比，汉字的最大优势在于既可横排，又可竖排。拉丁文字的竖排有所局限，也不适合长期阅读，所以拉丁文的阅读方式一般是从上往下，从左至右。汉字自古形成的版式

图 2-18

书写方式不同使得人的阅读方式各有差异。根据汉字的特点，既可以自上而下，也可以自下而上竖排成行；同时，汉字也并非一定非竖写不可，同样可以横写，既可以自左而右，也可以自右而左横排成行。在历史上，中国的传统书法和古文书写方式是竖书成行，自上而下写满一行后，再自右向左换行(图 2-18)。除正规的竖写方式之外，偶尔也见有横写的，例如对联中的横幅必须横写，还有牌匾也是采用了横写。在历史上也出现过一些特殊的排版方式，例如秦汉瓦当上的文字，可以上下左右，也可以左右上下，又或者以中心点围绕等方式(图 2-19)。20 世纪初期，由于受到“新文化”运动的影响，文字可以竖排，也可以横排，也可以从左到右，也可以从右到左，排版方式复杂而混乱(图 2-20)。如今在中国大陆、香港和台湾地区大多数采用横排、从左到右的书写方式和阅读方式，但还是有部分保留了竖排的习惯。例如，在新印古籍、学术著作和现当代人的古体诗文集中还使用竖排，而引进的日本漫画至今还使用竖排。在出版界以外，竖

图 2-19

图 2-20

排文字主要出现在政府部门牌匾、报章标题和正文等场合。简体中文竖排格式分为左起和右起两种。在受到汉字文化圈影响下的一些国家，如日本和韩国，它们在平面媒介的版式上还是会使用竖排的习惯(图 2-21)。科学上也曾经把竖排和横排文本的阅读方式进行过眼球移动比较实验，得出的结论是横排阅读只需要带动眼部两块肌肉左右移动，竖排阅读需要带动全部眼部肌肉，横排文字阅读速度是竖排文字阅读速度的 1.345 倍。因此，横排文字更易于阅读。

图 2-21

第二节 ◉

版式视觉形式法则

一、对比

对比是对视知觉主动性特征的强调。比如我们认识世界万物都是从主动发现对比差异开始的。建筑物的大，是因为我们置身于其中，高大的墙、石阶、殿堂、宽阔的院道与我们人类的“小”形成对比，但如果我们坐飞机从几千公尺的上空鸟瞰，建筑物却成了一块块方盒，摆在那大大的地上，小得出奇。对比是将两种不同的事物或情形作对照，达到相互映衬的目的。对比的因素存在于相同或相异的性质之间，也就是把相对的两要素作比较，产生大小、明暗、黑白、强弱、粗细、疏密、高低、远近、硬软、直曲、浓淡、动静、锐钝、轻重的关系。把版式编排推向极致的往往是通过对比来进行的设计，没有视觉上的对比，设计常常陷入平庸(图 2-22)。

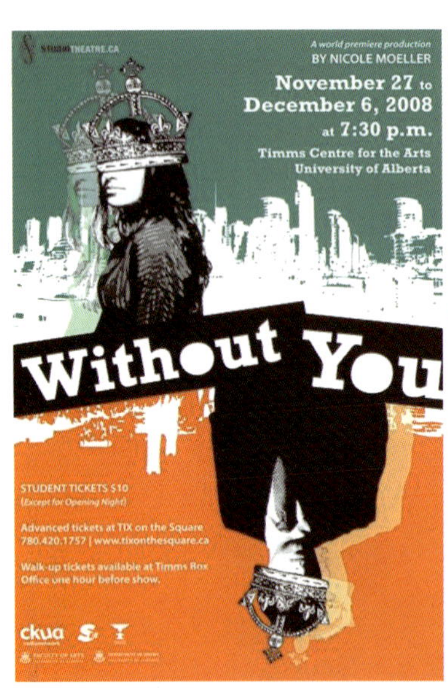

色彩对比

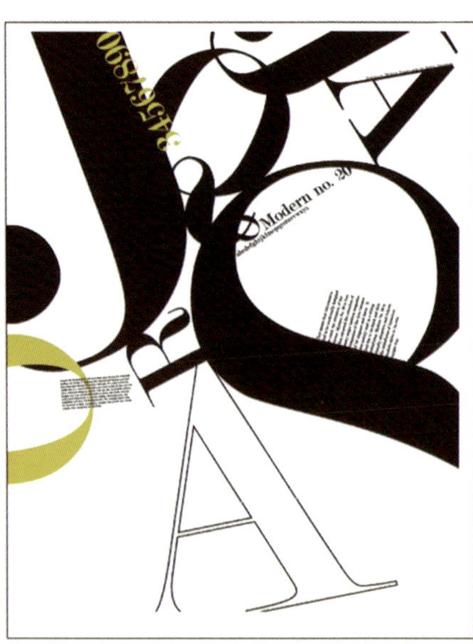

大小、虚实对比

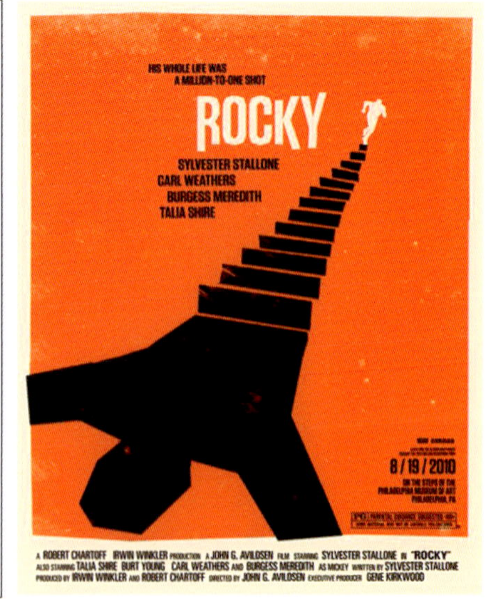

黑白对比

图 2-22

二、调和

调和是差异对比中的“相同”，是对视知觉相似性特征的强调，使两个或两个以上的要素相互具有共性。对比与调和是矛盾的两种状态，相辅相成。在版面构成中一般占版面率高的宜调和，占版面率低的宜对比。这种平稳、温和的感觉，适合表现各种类型题材。版式中主要运用同一元素、统一色线、相似形象也属于调和。对于版式设计来说，形式的变化万千，终归要回到一体化的调和中来。调和就是变化中的统一，在整体中把握好局部，当不同视觉元素有机地结合在一起时，会带给我们视觉上和心理上的舒适度，能获得美的享受(图 2-23)。

图 2-23

三、对称

对称是来源于日常生活中的概念。如人体左右两边的分布基本是相同的。也就是说，两个同一形的并列与均齐，实际上就是最简单的对称形式。对称是同等同量的平衡。对称的形式有以中轴线为轴心的左右对称、以水平线为基准的上下对称、以对称点为源头的旋射对称和以对称面出发的反转形式，其特点是稳定、庄严、整齐、秩序、安宁、沉静(图 2-24—图 2-27)。

图 2-24

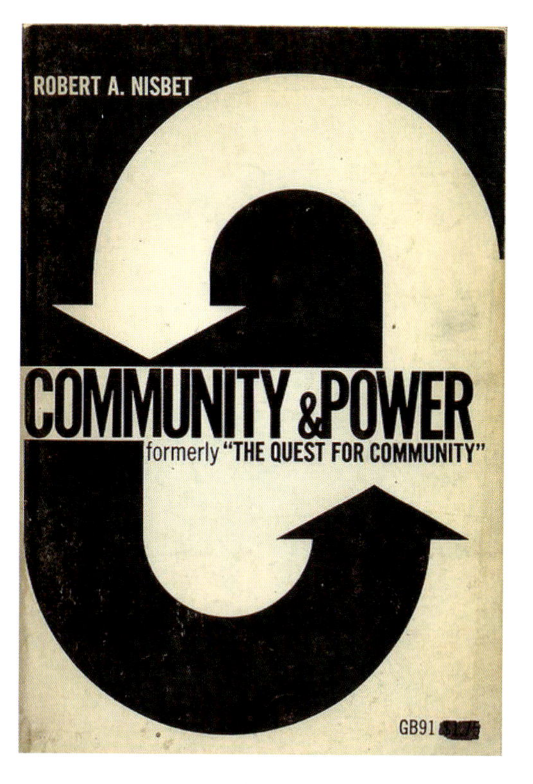

图 2-25

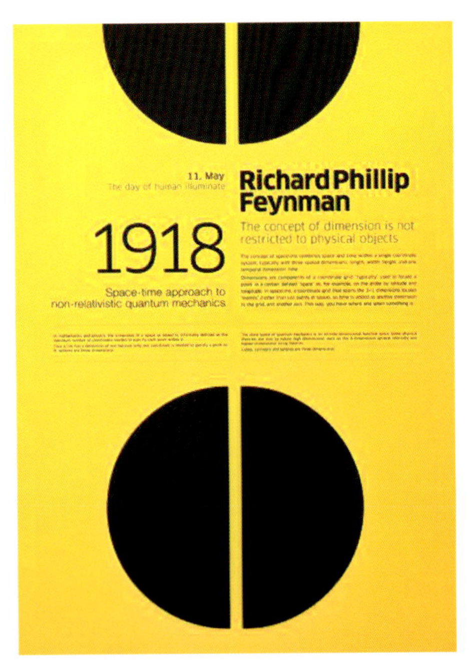

图 2-26　镜像对称

图 2-27

四、均衡

均衡是有变化的平衡。现实中的均衡比如说金鸡独立是在身体内部解决好了物理平衡的问题，但是在人们看来视觉上却是不平衡的。阿恩海姆认为，当几个力同时作用在一个对象上时，各个力相互抵消，版式也可以达到相对稳定的平衡状态，造成视觉满足效果，产生安稳舒适的感受。

均衡的重点在于解决"力"在构图中的关系影响，运用等量不等形的方式来表现矛盾的统一性，达到静中有动或动中有静的条理和动态。版式的视知觉平衡以及心理平衡的相对稳定性受到大小、色彩和方向的影响。它包括了对称和不对称。不对称的均衡形式比对称更富于变化、更富趣味性，有灵巧、生动、活泼、轻快的特点。版式设计中我们更多要解决的是在空间排布关系上揭示内在的、含蓄的秩序和平衡（图 2-28—图 2-30）。

图 2-28

图 2-29

图 2-30

五、节奏韵律

歌德曾说:“美丽属于韵律。”节奏和韵律都是来自音乐的概念,所有的艺术都在向着音乐的境界努力。节奏和韵律也常应用于现代版式设计中。节奏是把事物按照一定的条理、秩序重复连续地排列,形成一种律动形式。它有等距离的连续,也有渐变大小、长短、明暗、形状、高低等的构成。音乐靠音的组合,用听觉去享受其具有强烈时间性的韵律。而版式设计是靠构成形态的组合,依据视线的移动去欣赏其组合运动的韵律感。心脏的跳动、音乐的高低起伏、汽车的声音是一种生活节奏;图形色彩的错落形成、渐次变化、紧松对比,页面设计的强弱变化,文字的轻重缓急则是一种版式中的节奏(图 2-31、图 2-32)。

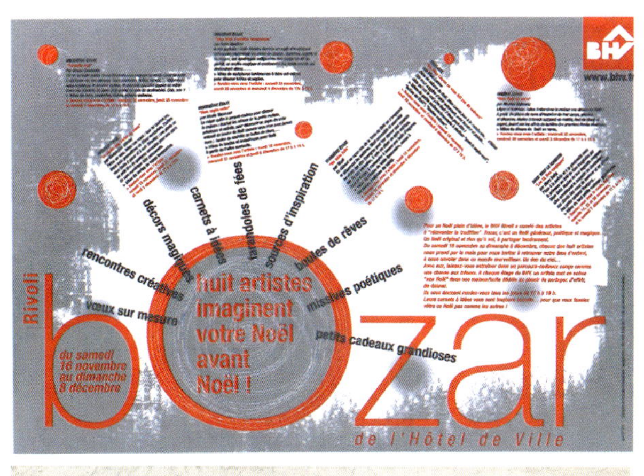

图 2-31　有节奏的分割

图 2-32　有节奏韵律的文字变化

韵律是比节奏更高一级的律动,比节奏更轻松优雅,通过节奏的变化产生形式美感。版面中的文字、图形、色彩在构成中带给人视觉和心理上的节奏感就是韵律,这种韵律感在比例、轻重和反复的规律形式上建立,增强了版面的感染力,使版面更有情调、更富艺术表现力。节奏与韵律的体现使版面传达出轻松、优雅的情感(图 2-33、图 2-34)。

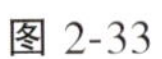
图 2-33

图 2-34

总的来说，好的版式设计必须遵循最基本、最主要的形式法则，同时兼有可读性、艺术性和美的展现形式，从而使传播功能和视知觉审美功能均衡协调。

教学记录：视觉形式原理运用于版面的修改

从版式设计视觉形式原理的角度对作品中存在的问题进行具体比较与分析，教会学生合理地用不同的视觉形式规范设计元素的使用，直观、准确地表达信息。作品中左边的版式都是因为对比的欠缺导致无视觉焦点，元素之间过度平衡。右边修改后的版式加大了图形的视觉比重，加强了对比关系，文字的视觉比重也进行了均衡调整，主次关系一目了然。大标题字体的配色与白色的描边进行组合，使得与画面的整体感变得协调一致（图 2-35、图 2-36）。

指导老师：李有生

图 2-35

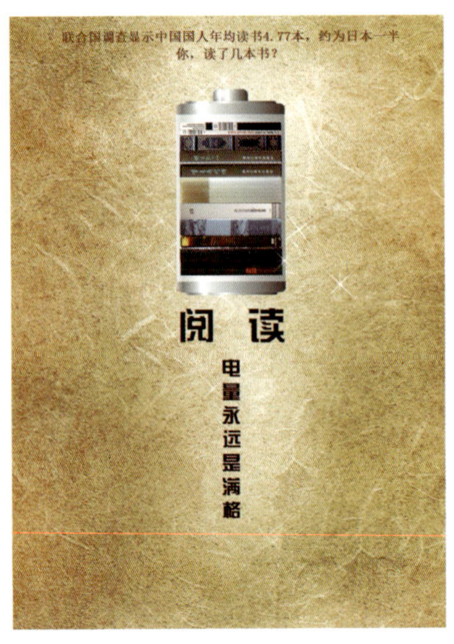

图 2-36

第三节 ◉ 版式的建立

一、版式空间的激活

我们常说的视觉区域也就是版式空间设计区域，未经雕琢的时候就是空白，是由版面视觉结构四周的天头、地脚、订口、切口所形成的空白区域。当然，空间设计形式不仅仅单指空白，还是视觉元素与背景的关系，更是刻意经营的“留白”、负空间、文字间隙、行距等细节。所以，版式空间的激活步骤首先是寻找支撑空间元素。支撑元素是指能够确定版面空间尺度，可以到达版心线的文字、照片、符号或线条等，以确保在既定页面上版式空间的尺度更完整，且不会出现多余的无效空间。其次是利用辅助元素。具有点、线、面特质的单独大字、一行小字、缩短提行的段落、LOGO、几何形点或线、符号，甚至页码的辅助元素能够使版面空间活跃。最后，还要精简面积比例。多个空间按照一定的面积比例来布置，会形成由大到小的变化和节奏。

黑、白、灰关系的视觉经验运用到版式二维空间中，也是激活空间视觉层次，延展出多维度视觉感受的重要方法。版面可以归纳为黑、白、灰的空间构成。一般来说，版面视觉感受最强烈的是白色和黑色，而灰色的感觉相对最弱。所以，可以认为白色是版面的近景，黑色为中景，灰色为远景。版面上的黑、白、灰对比最能产生视觉上的距离远近，就如同以素描的方式表现版面主题一样。如果能够很好地掌握版面中的黑、白、灰对比，就可以使版面产生空间层次，同时使版面的色彩节奏也变得明快。好的版面中黑、白、灰的关系可以让版面具有不同的调子，在对比的同时又具有一定的调和性(图 2-37)。

图 2-37

二、版式视觉流程的设计

版面视觉流程是视线随各元素在版面空间浏览轨迹的隐性运动过程。如果把这个浏览过程用线条记录下来,那么这根流动线就被称为“视觉流程动线”。通过对这根流程动线的分析就可以发现设计师是如何精心引导读者进行有序而高效的多版面阅读，每个版面的观看流程都是被设计师精心安排下的程序。在这里我们以图 2-38 的浏览动线为例来说明对浏览动线的设计变化可以通过文字之间的排版来解决，也可以通过插入图片或是分割版面空间来解决。除此之外,受视觉元素的影响，版面上的视觉流程会形成三种不同的视觉力量引导视觉的流动(图 2-39—图 2-41)。视觉流程与版面构建的关系是不可分割、相辅相成的。如同骨骼与人、文章的内容与情节设定。作者把所要表达的思想内容通过情节的编排而使其跃然纸上，实际上就是组织版面情节的设计过程。

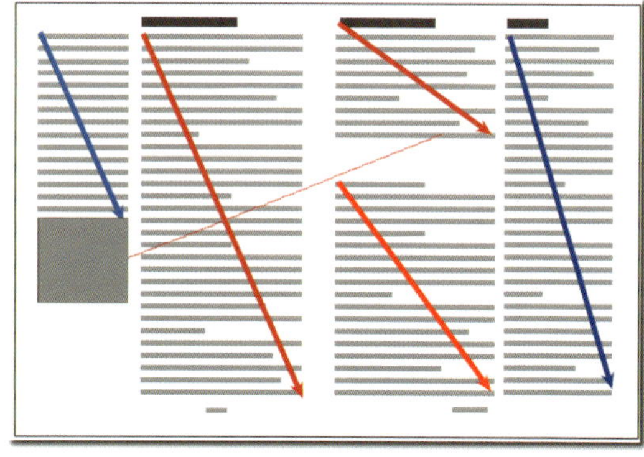

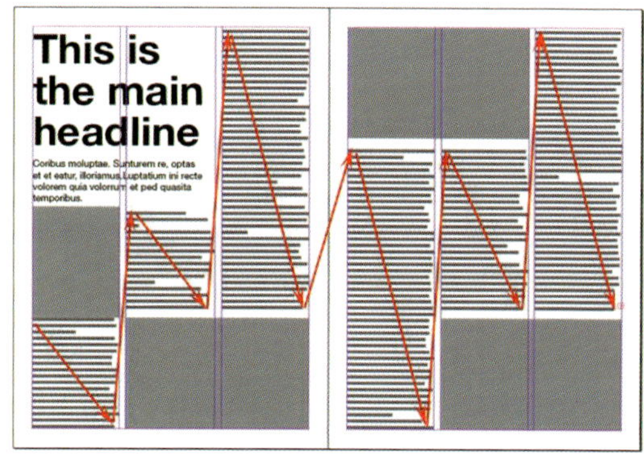

图 2-38

图 2-39 视觉流动力

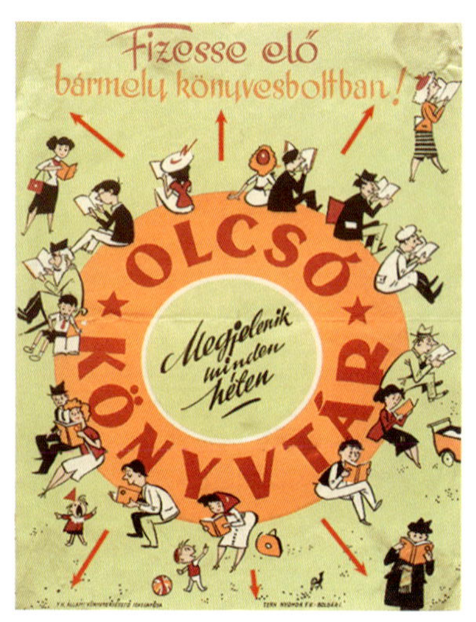

图 2-40 视觉扩张力

图 2-41 视觉重心力

（一）版式视觉流程的类型

1. 单向视觉流程

单向视觉流程是最为常规的流程规律，各个视觉元素以单一的朝向分布在版面上，形成一致的视觉观看次序，这是视觉流程中最常用的布置技法。一般来说是利用中轴线、边轴线、对角线及其焦点来安排单向视觉流程。特别是版面信息量非常庞大的时候，这种方法当为首选。单向视觉流程会产生三种不同的版式方向特征：竖向视觉流程传递坚定、肯定（图 2-42）；横向视觉流程传递稳定、平静，适合书籍正文内容，庄重、严肃、平静、理性但是容易平淡，缺乏个性，在海报中使用横向视觉流程必须寻求相对的运动变化，才能激发兴趣点（图 2-43）；斜向视觉流程冲击力强，动感及注目度高，基于轴线对角位置之一为起点，感觉自然而无强迫感（图 2-44）。单向轴线视觉流程在二维平面空间较为合理和常见，这是由于它符合人们的阅读习惯。

图 2-42　受重心影响的竖向视觉流程

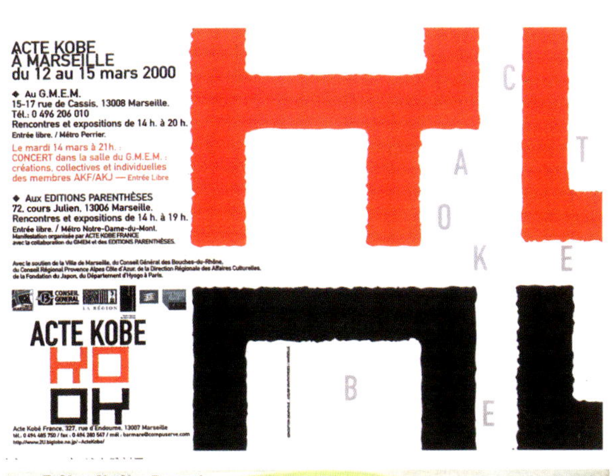

图 2-43　静中有动的横向视觉流程
文字版式（上）、图文版式（下）

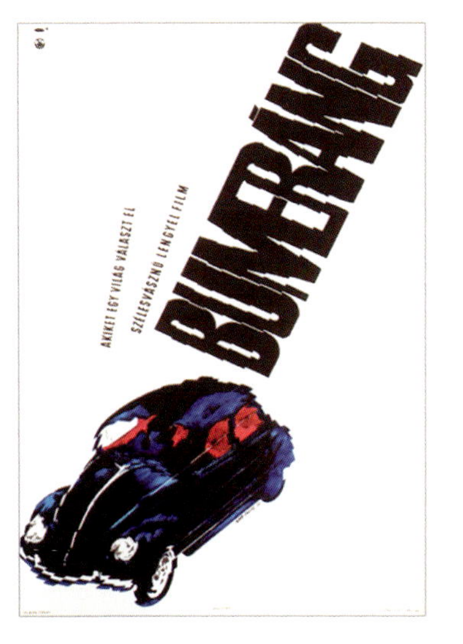

图 2-44　对角轴线的斜向视觉流程招贴版式

图2-46　透视导向的视觉流程

2. 形象导向视觉流程

元素形象或者形象化的图形对于视线的诱导更具有魅力，特别是动态元素，不管其位置、色彩和尺寸比例关系等本身的因素如何，都能成为视觉的焦点、视线的开始。依靠主体形象的动势，主题形象的动作、方向和意向指示来寻找、开发视线的方位，引导视线的进程，调动观者的情绪，可以从情感上准确地把握视觉流程的先后次序性。让观者尽可能快地进入角色，使得整个阅读过程在事先设定的视觉流程当中自然而然地进行。在版式中，形象往往以文字导向、透视导向、重心导向、视线导向、色彩导向出现居多(图2-45—图2-49)。版式当中运用形象的形体动作为导向可以对整个视觉流程起到指示性的作用。观者很自然地受到图形的吸引并以此为视觉切入点，随之寻找下一个观点——信息主体。

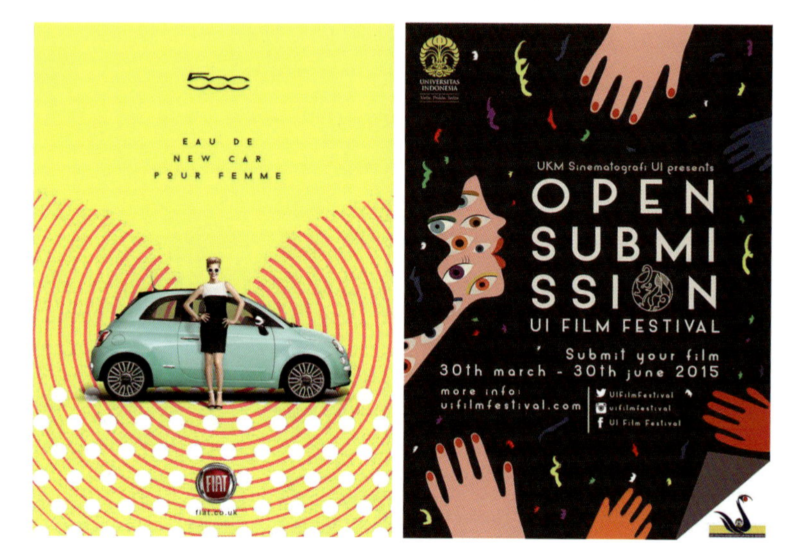

图2-47　重心导向的视觉流程

图2-45　文字导向的视觉流程

图2-48　视线导向的视觉流程

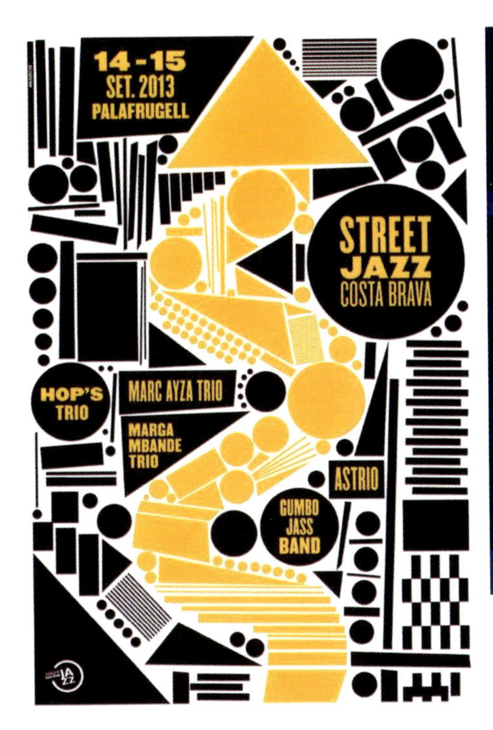

图 2-49　颜色导向的视觉流程

3. 解构关系视觉流程

在有些编排设计中，我们可以根据版面的要求和视觉的需要，对主体形象进行合理的、有目的的分割，然后根据需要进行解构重组(类似平面构成当中的打散重组)，再以图形模块的每一个局部为视觉引擎，搭载相应的文字信息。解构视觉流程迎合了版式视知觉的封闭性特征，有助于引发读者的好奇和持续观看的兴趣。因为追求完美是人的天性，好奇是人们共同的心理特点，观者看到由解构产生的个性强烈而不完整的视觉形象时，肯定会产生一些疑问，并且试图寻找答案，其视觉注意自然而然地为设计师预先设定的视觉流程当中的各级视觉注意点所吸引，去寻找一个完整形象或者说是答案，以满足视觉与心理的需要。简言之，在某一解构图形中，如果这种“补充”得不到解决，在知觉之内无法产生合乎实际的圆满形态，观者的视线会继续寻找下一个信息点，直到问题得到解决(图 2-50)。

图 2-50　散点流程

4. 反复视觉流程

迂回反复的视觉流程是指相同或近似同类的视觉要素作规律、秩序、节奏的逐次运动排列，其运动比单向流程强烈，更富于韵律节奏(图 2-51)。

图 2-51　富于线性韵律节奏的反复视觉流程

反复视觉流程增强了版面视知觉的连续性，有助于加强读者的记忆。

上述视觉流程出现在版面中的时候往往都是基于视知觉心理特征表现出来的综合类型，并且相互依托而存在，这些表现形式我们不要割裂开来对待，而是应该灵活应用在版面视觉上。

（二）版式最佳视域的明确

版面的最佳视域意味着版面中视觉注目程度最高的位置，设计师往往将重要信息或视觉流程的停留点安排在此，用以获得最强烈的视觉效果。版式的最佳视域也是黄金区域。因此，对于最佳视域的寻找成为版面编排中的关键步骤，最佳视域往往就是版面的视觉中心，能够体现整个版面的视觉意义和视觉价值。当一个矩形或者正方形被水平和垂直地分成三份后，结构中的四个焦点是最吸引人的四个点，设计师可以使用位置和距离，来决定哪些点在层级上是最重要的（图 2-52）。

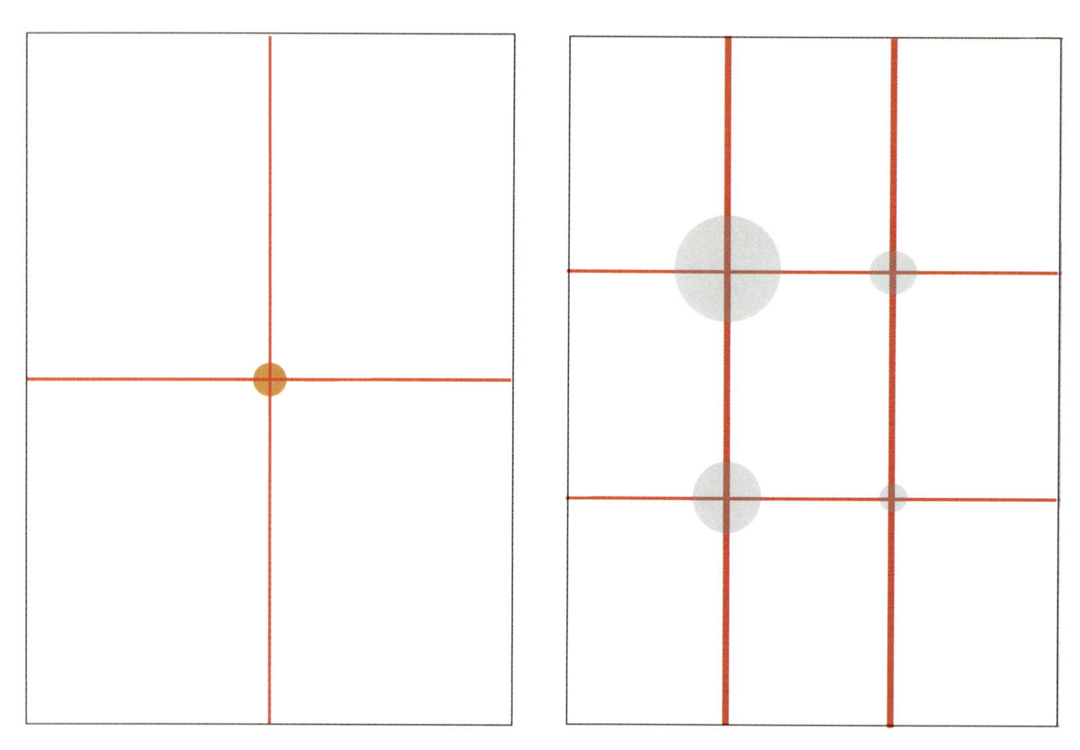

图 2-52　版面物理中心和版面视觉中心

1. 版面中心

出于对称的视觉习惯，版面中心就是版面的几何中心。版面中心的明确存在使得阅读视线长时间停留并获得深刻的视觉感受。值得注意的一点是，视觉重心是在几何中心稍微偏上的位置，而非一致，这是由视觉心理和习惯导致的，也符合视觉心理学原理。

2. 视觉中心(焦点)

在医学上，人类以焦点的形式观察事物。视觉焦点摆脱了版面中心的位置束缚，更多指向在版面中具有较高视觉强度和视觉注意力的部分，因此，视觉焦点是版面中另一种意义上的视觉中心。

（三）视觉焦点的引导安排

1. 通过设计元素的位置和方向引导视觉焦点

利用一些带有指向性特征的设计元素，在版面中形成有朝向的结构，从而将目标形成视觉焦点，将轨迹形成视觉流线（图 2-53）。

图 2-53　设计元素的位置和方向引导视觉焦点

2. 通过视觉图片或字体的数量、面积比例引导视觉焦点

在版面设计中，除了文字之外，通常都会加入图片或是插图等视觉直观性的内容。表示这些视觉要素所占面积与整体版面之间比率的就是图版率。简单说来，图版率就是页面中图片面积的所占比率。这种文字和图片所占的比率，对于版面的整体效果和其内容的易读性会产生巨大影响。如版面全是文字，图版率为 0%，相反全是画面的版面，画面图版率为 100%。光有文字无图画或者小画面、少画面的版面，阅读的兴趣会降低。以文字为主的版面，图版率为 10% 则更能增进阅读性。假如一张报纸无插图，版面会显得沉闷，加一张插图会给人真实的联想。另外，图片的信息传达也比文字要快，图片数量的多少会影响读者对版面的阅读兴趣。图版率低，将减少阅读兴趣，接收信息效率降低。相反，图版率高，将增强阅读活力，接收信息效率提高。随着图版率增高，图片达到 30% ~ 70% 时，读者阅读的兴趣就更强，阅读的速度也会因此加快。当图版率达到 100% 时，将产生强烈的视觉度冲击力和记忆度，此时版面的文字会起到画龙点睛的效果。高图版率使版面充满生气，适合商业性宣传读物、网站等(图 2-54)。

图 2-54　宣传册整体全都是图片时，图版率为 100%。图版率高的页面会给人热闹而活跃的感觉，反之图版率低的页面则会传达出沉稳、安静的效果

当页面中出现相对数量的图片时，我们可以通过把大小不同的图片编排在相应的位置引导视觉流程。图形面积的比例大小不仅能影响版面的视觉效果，还会产生量感和张力。如果图片面积一样大，它们的顺序就是常规的视觉流程。为了引起人们的注意，可以把一张图片放大，其他图片缩小，大图形面积注目度高、感染力强，产生一种饱满的心理量感以及增强图片的扩张力度，通过图片大小对比产生视觉焦点。在图 2-55 的杂志版式中用黑白灰来表示图片在版面中所占的视觉比重。大图形引导版面流程成为视觉重心和焦点。小图形精密而沉静，插入字群之中，也给人活跃和灵动的感觉。由此可见，图片在版面中的功能包括辅助和说明文本的内容、协调页面的视觉效果、烘托文本意境等。

图 2-55 （左）放大的图片和大标题在版式的对角空间上视觉比重相当，版面上有了主次，显得视觉流程更有条理；（右）三张按不同视觉比例依次放大的图像，在版面的三个角上稳定重心，有优雅之感（某杂志内页版式）

3. 通过颜色引导视觉流程

通过改变颜色来区分流程顺序，通常纯度高的颜色比纯度低的颜色更加明显，但是色彩和面积大小有一定关系，一般强对比的色彩容易引起读者的重视。如果素材图像尺寸小，却不想让版面单调，可以通过色块（相近色或是互补色）的延伸或是图像的重复来组织页面结构。采用和图片相同大小的色块可以保持界面的统一性与简洁性，而且这样的排版会造成一种错觉，使用户觉得有底色的方框整体似乎是一张图片。图 2-56 上图中大面积是一种色彩时，搭配一种小面积的其他颜色，会有突出重心的感觉。下图中原本小尺寸的素材图在背景色的映衬下也似乎变成了一张很大的图，这种重复排列、添加变化的方法有效地避免了页面的单调和无趣。

图 2-56

4. 对书法的借用

版面编排设计中对于书法的借用，可以说对于视觉流程的研究带来一股新意。书法中的字法、章法讲究"笔不到而意到，形断而意连"。特别是在草书作品中，这种现象尤为常见，笔墨于纸上犹如蛟龙穿行于云海烟波之中，若隐若现。着力处，如雷霆万钧，墨透纸背；轻柔处，如清风踏水，不着痕迹，却气贯全篇，笔意相连，浑然一体，不可分割。图 2-57 就是借鉴书法而得来的一种视觉流程设计方法。由草书"和合"字统领整个版面，形虽断而意连，笔断而意不断。借其动势，引导视线，并使得各元素首尾相顾，彼此呼应，浑然一体，同时，流程次序依然有条不紊。

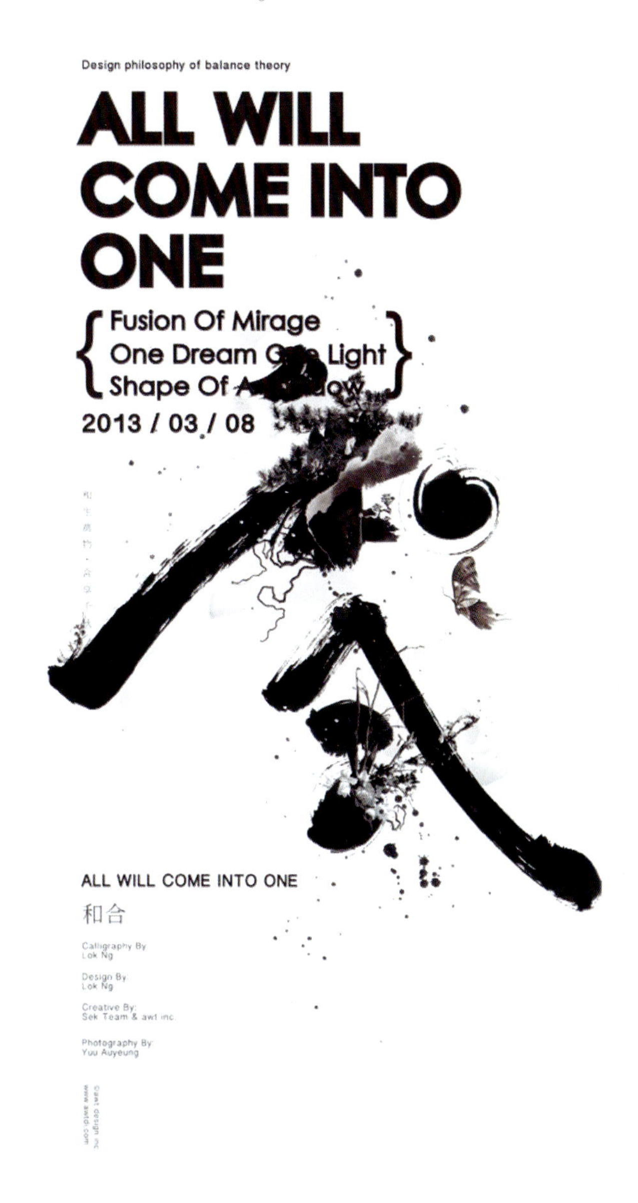

图 2-57

三、图版构成的方法

无论是广告、期刊还是包装、网页的编排都会遇到大量的图片，图片不经过任何处理直接排版的做法是非常冒险的。因此，对图片内容首先进行分类非常重要。有影响力的图版构成方式是使图片的内容能产生一定的视觉形式，将信息内涵传递出来，继而使整个版式富有感染力。譬如一些时尚类杂志中的图版内容能成功影响受众的认知并给读者留下深刻的印象，甚至可以引发受众的效仿行为。所以设计师分析图片也要像分析文本一样深入细致，做好图片信息的研究工作。

1. 选择图片的视觉度

视觉度指的是图片对人产生的视觉吸引力的强度。我们要选择视觉度适宜的图片，以传递出正确的信息(图 2-58、图 2-59)。图片视觉度涉及图片视距的变化、图片视角的变化。

图片的视距会影响图片效果，体现在：极富张力的近距构图，主要用以突出人物的神情或者物体的细腻的质感；中距构图手法为表现某一事件或对象的表现力丰富的情节，加强人与人之间的感情交流和联系；局部构图，表现事物矛盾的焦点，以突出动作情节。通常，展现对象的“特写”的图片和包容周围环境的“远景”图片，它们在构图上完全不一样，带给观者的印象差别巨大(图 2-60)。

类型	视觉度	效果	感受
严肃文学 (传记、小说、诗集等)	低	太高会破坏严肃性	严肃
趣味图书 (时尚志杂、儿童读物等)	高	增加阅读兴趣	活泼

图 2-58

图 2-59 传播内容不同的出版物，要采用适当视觉度的图片传递正确的信息

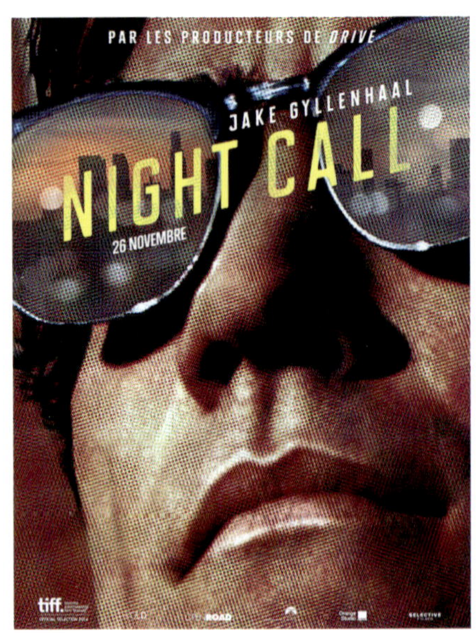

图 2-60

图片的视角就是指视点与形象之间的水平线高度的变化关系。虽然拍摄对象一样，但是拍摄角度不一样，其图片差距较大。角度的选择，体现在版面上，表现为平视、仰视和俯视三种常见视角类型(图 2-61—图 2-63)。

(1) 平视视角，即拍摄点与被摄对象于同一水平线上。平视拍摄所构成的画面效果，接近于人们观察事物的视觉习惯，它所形成的透视感比较正常，不会使被摄对象因透视变形而遭到歪曲和损害。因此，平视的表现方式能使人产生自然、亲切的视觉心理。除此之外还有左侧平视、右侧平视、背面平视。书籍封面和海报中采用背面平视往往能传递出引人入胜的情节，引发人们的阅读兴趣。

图 2-61

图 2-62

图 2-63

(2) 仰角构图，即拍摄点低于被摄对象，以仰视的角度来拍摄处于较高位置的物体。仰视拍摄角度的视平线较低，前景高大，主体突出，能够改变前后景物的自然比例，产生一种异常的透视效果。保罗·梅萨里曾经指出："仰角可以使受众对无生命物体的感知产生积极影响，因而可被用来让受众对消费品产生好印象。"

(3) 俯角构图，即拍摄点高于被摄对象，以俯视的角度来拍摄处于较高位置的物体。俯视拍摄角度的视平线较高，前景放大，主体突出，能够改变前后景物的自然比例，也会产生一种异常的透视效果，俯角还会萌生可爱、惹人怜爱的视觉感受。

如果把多种视角的图片编排在一起，读者视角会不停跳跃，无法实现视角流程的设计。如果把内容、色调、视角统一的图片集中在一起，有连续性，就不会造成读者视角混乱的感觉。

2. 裁切图片的形状

版式设计中常用的图片有手绘图片和摄影图片，但不一定完全契合版面布局，因而裁切就是根据版面的具体要求将图片中多余的部分切掉。裁切可以改变图片的长宽比例和图片远近视效。优质的裁切图片体现在具有高品质的分辨率(300dpi 以上)、片中图像等比例无变形。手绘图片在制作前就会确定其大小比例，而摄影图片多来源于数码摄影，其质量好坏直接影响到图片裁剪的效果。其质量主要指分辨率，以每英寸的像素来衡量。图片质量和图片尺寸决定了文件输出的效果，图片的分辨率会影响其输出时的长宽比例。图片裁切在编排前都要经过仔细筛选，必须围绕主题，在裁切时要注意切出的图片内容是否准确传达出了信息。图 2-64 以某品牌美体沙龙宣传内页中所用的一批图片为例，设计师对设计委托方所提供的照片资料进行审阅，针对局部细节选取不同角度进行裁切，内容统一中有变化，也能够体现出系列性，甚至让人联想到一些抽象主题，例如"享受"、"愉悦"、"天然"、"干净"、"专业手法"、"专业产品"、"贴心服务"等。

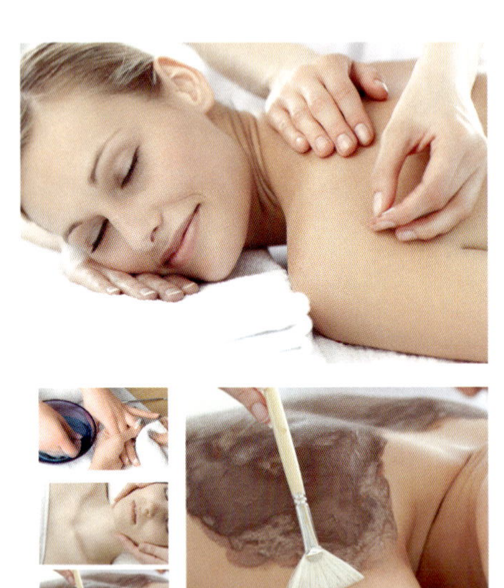
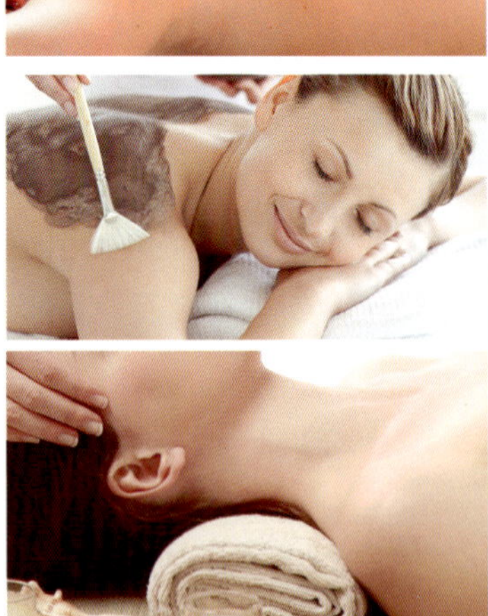
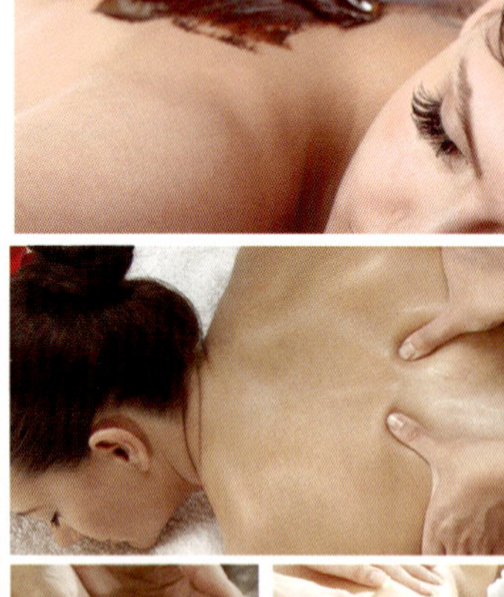

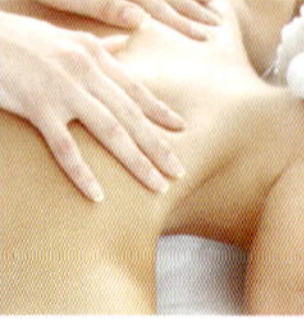

图 2-64

(1) 裁切要保留图片的优质部分。保留图片中的优质部分首先体现在裁切时调整图片的角度。图片的角度在拍摄时就确定好了，但是在编排中肯定要调整。如果想把拍摄角度向右上移动，需要剪裁掉原图右边和上面的部分。如果把拍摄角度向左下移动，需要剪掉原图左边和下面的部分。这种调整方法只适用于有景深的图片。

其次体现在裁切时获取图片的细节。如果在编排时需要部分细节图，可以通过对高质量的大图进行裁切来获得。可以剪切其中一部分，再把切下的部分放大到原图的长宽比例，就得到一张细节图片。如果要切出的细节内容在图片的右下方，但是版面需要竖向构图放这种细节图片时，裁切便要两者兼顾，因而选择裁切区域必须靠右，即在裁剪时要保留图片细节内容的造型和方向。

最后体现在后期处理图片中的瑕疵。在拍摄图片时会拍下不必要的杂物，这时就需要裁切掉多余的部分。如图 2-65，自行车型录中产品图片有整体性运用，也有的形状被故意缺省，在版面中指向性和视觉的均衡性却考虑得十分周到，节奏和韵律得到了很好的诠释。

图 2-65

(2) 裁切要注意图片的外形特征。图片的裁切外形特征分为三种形式：角版、出血版、挖版。角版外形一般来讲有长方形、正方形和圆形、四边形、三角形、多边形等形态，它们的造型特点是规整，容易编排，拘束性最强，给人严谨、冷静、高品质的感觉。但是，这个常规造型不能满足所有版面的需要，因而在编排时会对图片中物体外形进行出血或对图片中物体轮廓进行裁切修整处理。出血版外形是有一个以上的边出血，较角版而言更富变化、更加活泼(图 2-66)。挖版外形的不规则外轮廓边缘给人以自由活泼的感觉。物体轮廓形是沿着图片中物体的轮廓线裁剪出的形状，它的背景变成无色，即直接应用版面的底色。

由于物体造型多样，可组成千变万化的版面(图 2-67)。在版式设计中我们要积极思考如何使

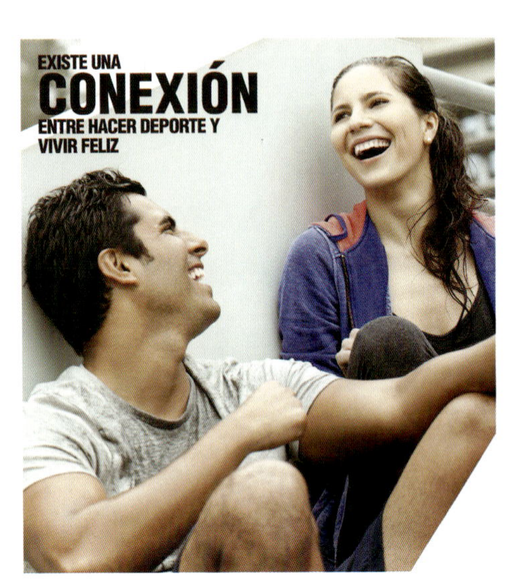

图 2-66

图 2-67

用图片的不同外形特征，共同发挥它们在版面中的最优视觉效果。比如，大部分图像使用挖版，会给人自由的感受。但是，插入一些小角版在中间，能起到稳定画面的作用，避免过于自由而显得凌乱，更能突出挖版的自由感；又比如在大量角版中适当地加入少量挖版，既能够打破沉闷，又不至于破坏原有的冷静气氛。

3. 配置图片与文字的编排方式

(1) 图片与文字并置方式。将文字与图片并列放置在版面之上，它们彼此间没有重叠和切割，两者之间关系平等。这种方法能很好地展现图片与文字的特点，读者在阅读时，能直观感受图片和文字的信息。在并置构图中可以上下并置、左右并置。上下并置版面中的图片与文字宽度一致，只是高度和位置不一样。这种版面上文字对图片有很强的说明作用，读者阅读时感觉非常轻松。左右并置版面的图片和文字高度一样，宽度根据设计调整，充分与图片相结合(图 2-68)。

(2) 图片与文字重置方式。图片与文字重置是将图片作为底图，文字穿插在图案当中，图片与文字做无缝粘贴。这种版面非常生动，文字的排列也多样，在文字插入时要注意技巧，通常有四种对此处理方法。第一种是在文字下方添加拉开对比关系的底色，这个底色的造型方法多样，可以是几何形、文字描边、色带等，这样文字与图片之间就有黑白灰层次，如果有色彩也可以重新设计(图 2-69)。第二种是选择与图片对比差别较大的色彩或字形，比如在深色背景中选择白色等浅色或纤细字体形成对比，这样的文字就能和图片有所区别，容易直观辨别(图 2-70)。第三种是把文字排成类似“块状”，边线与图片尽量统一宽度。当文字和图片重叠时，由于文字的体量通常不一样，均衡的块状结构有利于构建层次清晰、对比强烈的信息内容，这样有利于吸引注意力(图 2-71)。

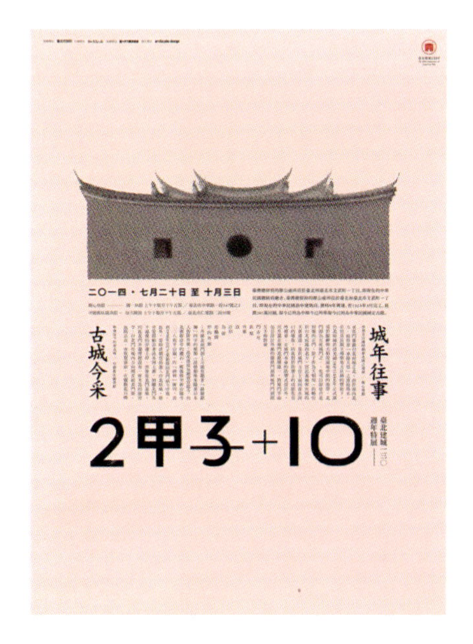

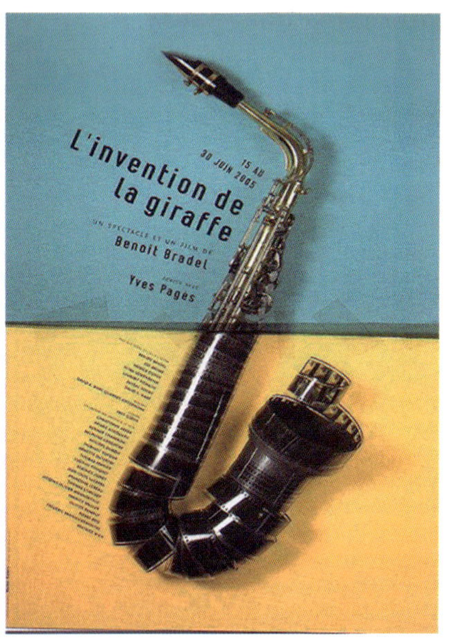

图 2-68

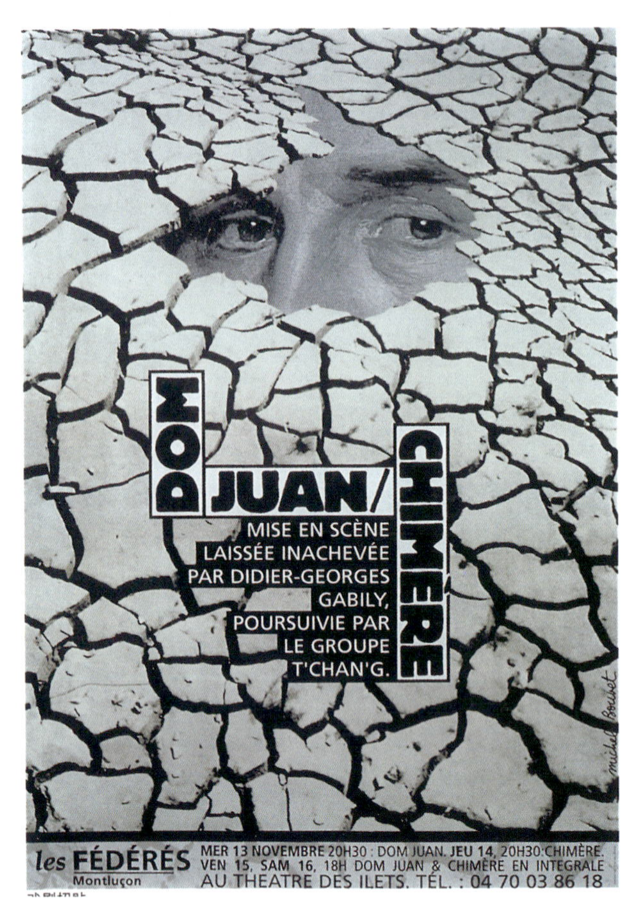
DOM
JUAN/
CHIMÈRE
MISE EN SCÈNE
LAISSÉE INACHEVÉE
PAR DIDIER-GEORGES
GABILY,
POURSUIVIE PAR
LE GROUPE
T'CHAN'G.
les FÉDÉRÉS
Montluçon
MER 13 NOVEMBRE 20H30 : DOM JUAN. JEU 14, 20H30: CHIMÈRE.
VEN 15, SAM 16, 18H DOM JUAN & CHIMÈRE EN INTEGRALE
AU THEATRE DES ILETS. TÉL. : 04 70 03 86 18

图 2-69

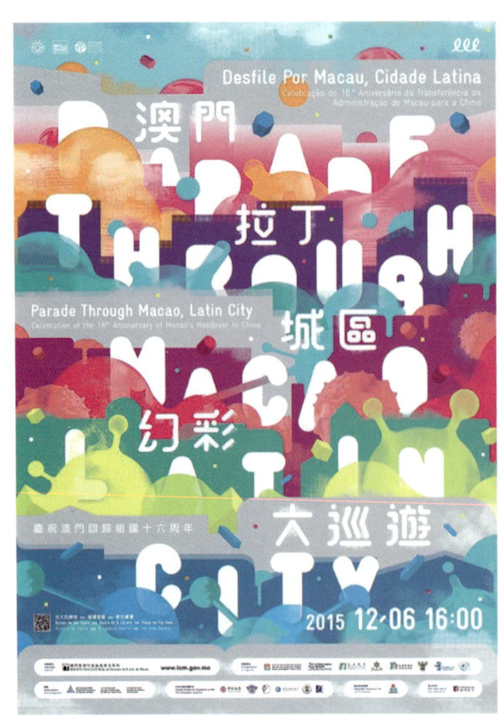
Desfile Por Macau, Cidade Latina
澳門
拉丁
Parade Through Macao, Latin City
城區
幻彩
慶祝澳門回歸祖國十六周年
大巡遊
2015 12·06 16:00
www.icm.gov.mo

w:lson:c
REFRESHING FUTURE
WILSONIC
FESTIVAL 2013
7×8 JÚN
BRATISLAVA
AREÁL DIVOKÁ VODA · VODNÉ DIELO · ČUNOVO
UNDERWORLD UK MY BLOODY VALENTINE IE
TRENTEMØLLER DK MODESELEKTOR DE CHROMATICS US
MALA IN CUBA UK/CU HEALTH US MYKKI BLANCO US
MATIAS AGUAYO CL JACKSON & HIS COMPUTERBAND FR
HORROR INC. CA RANGLEKLODS DK NAPSZYKLAT PL
SUN GLITTERS LX + MNOHO ĎALŠÍCH
www.wilsonic.sk/tickets

图 2-70

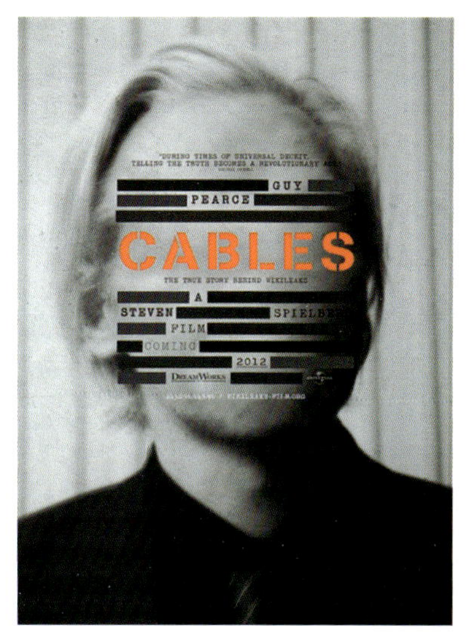

图 2-71

(3) 注意事项。不要用图片随意切断文本。在一段文本中插入图片，如果设计不当就会切断文本，使视线被迫跳跃，造成不连续的信息反馈。例如，在文本意义句没有结束前，图片直接插入句子当中，读者看到这里就要跳过图片去找衔接的内容造成阅读不便。在文本意思开始和结尾插入图片，这样就不会切断文本。如果文本中一定要插入图片，要注意不能切断句子，保证文本阅读的流畅性。

文字添加到图片上还要注重统一协调。给图片添加文字是编排的常规工作，如果处理不当会造成文字识别不清。图片本身有色彩和造型，如果图片中文字与图片的色彩和造型区别不大就会影响它们的识别。图片中添加文字要注意不能选用接近图片的色彩。同时，图片中添加文字要注意不要放在主要对象上面，以免影响主要对象的完整度。

课程训练——设计实践·基于视觉原理的图文混排版式设计

内容：学生在自己设定的主题下进行表现发挥，对内容不做任何限制，可以拿出自己喜爱的元素、熟悉的表现手法，组织图片、文字内容，在折页上进行排版练习。

要求：以视觉原理和视觉形式法则、图版构成规范作为限定要求。

目的：开启学生构建版式空间、视觉流程的基本能力，强化学生巧妙利用视觉原理进行图版构成设计，用以实践所谓的视觉理论。

作业分享：图2-72—图2-78

指导老师：刘花弟

作业分享

作者：董咏妍、王安琪、徐金玉、于娴
杨尧、李斯瑜、钱鑫丽。

图 2-72

图 2-73

CHANEL

GabrielleChanel 加布里埃·香奈儿
CHANEL 香水
用性感和魅力征服世界
香奈儿N°5香水
香奈儿可可

CHANEL
邂逅香奈儿
N°5
每个女人都有一段香奈儿情结
"CHANCE IS MY SOUL"
__COCO CHANEL

图 2-74

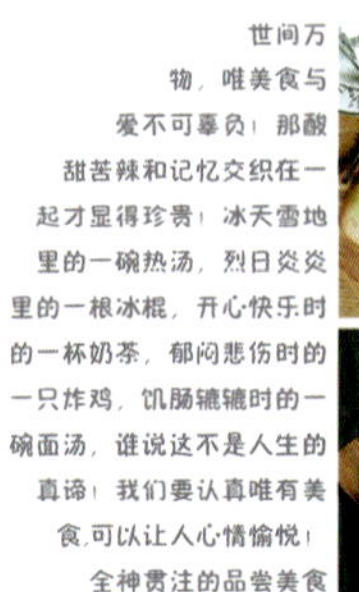

版式设计LAYOUT DESIGN
唯美食与爱不可辜负
唯有美食,可以让人心情愉悦!
全神贯注的品尝美食会让你暂
时忘了那些烦心事。
余生不长,认真生活。
生活赋予了我们各种美好的情感色
彩。美食带来的愉悦,这也是上天
赐予人类的礼物。用心去制作的美
食总让人感到幸福,满满的甜蜜味
道令人回味。要努力享受生活啊!
世间万
物,唯美食与
爱不可辜负!那酸
甜苦辣和记忆交织在一
起才显得珍贵!冰天雪地
里的一碗热汤,烈日炎炎
里的一根冰棍,开心快乐时
的一杯奶茶,郁闷悲伤时的
一只炸鸡,饥肠辘辘时的一
碗面汤,谁说这不是人生的
真谛!我们要认真唯有美
食,可以让人心情愉悦!
全神贯注的品尝美食
会让你暂时忘了
烦心事。
食会让你暂时忘了那些烦心事。
余生不长,认真生活。
唯美食与爱不可辜负
爱自己
&
爱生活
FOOD
&
LOVE
唯美食与爱不可辜负
WEI MEI SHI YU AI BU KE GU FU
朋友曾对我说过一句话
世间万物,唯美食与爱不可辜负。
无论处于怎样的境遇,用心吃饭,
用力生活,都是对自己生命的最
好尊重和敬意。爱自己,爱生活。
唯美食与爱不可辜负
16.11.23
__Nov/
Food
And
Love
一个蛋糕
一颗糖果
一杯果汁
愿所有的幻想都能成真,愿
所有的真情我们都懂,愿以
后的日子还能一起相伴,一
生走着走着就那样到老了。

图 2-75

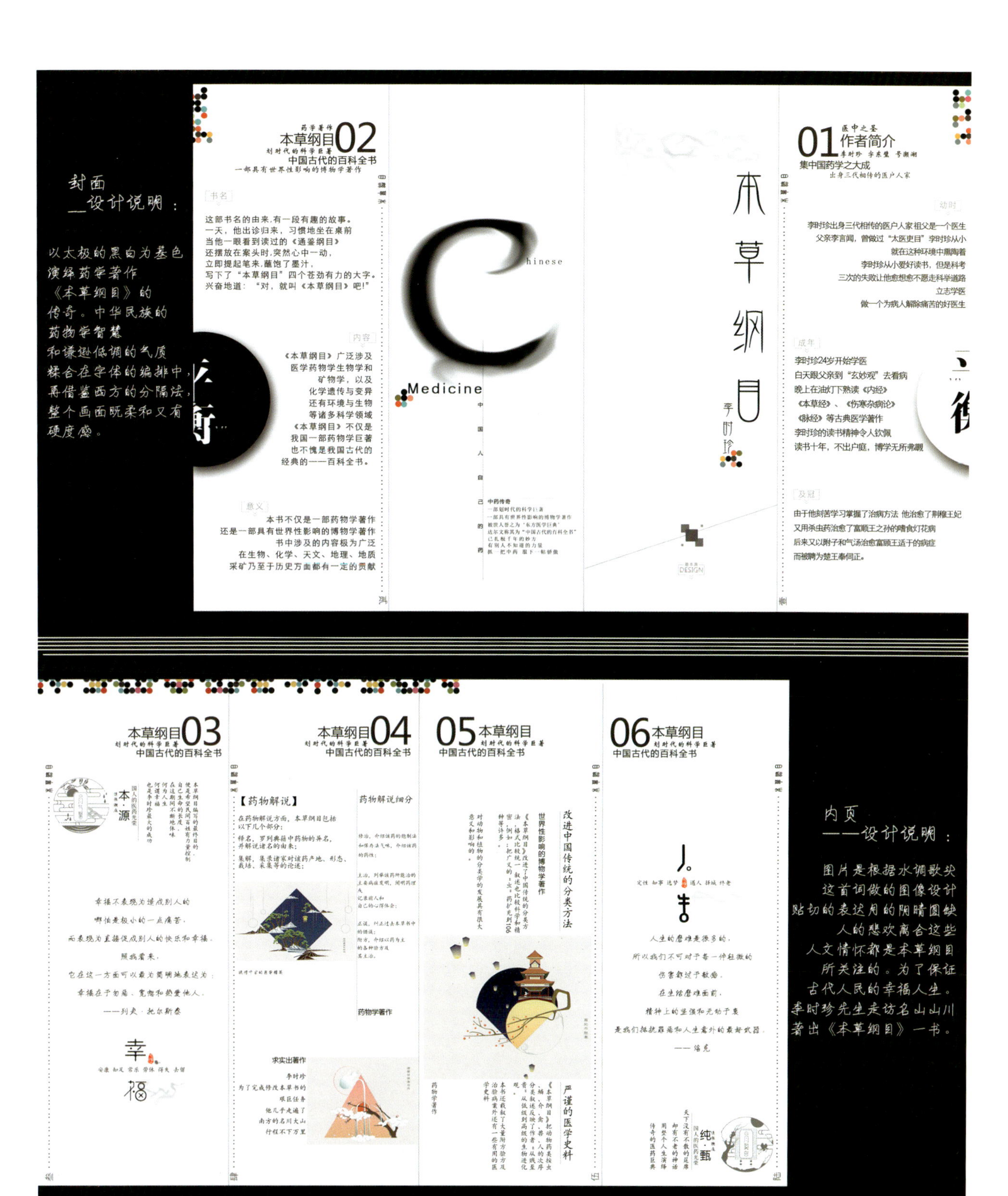

图 2-76

NDC
DO YOU LIKE DANCE ? KEEP ON DANCING
NCHU DANCE CRAW
NCHU
DANCE
CREW
POPPIN
KEEP
AWESOME
JAZZ
POPPING
LOCKING
URBEN DANCE
Top
Tock
Power
moves
FREEZE
Hip
Hop
DJ MC GRAFFITI
BBOYING
BEATBOX
STREET JAZZ,
RAGGAEPOWER JAZZ,
MODEN JAZZ, SEXY
JAZZ, NEW JAZZ
lycial jazz
power jazz jazz
funk

图 2-77

FASHION
HOPE FOR
THE UPRISING
DESIGN IN POWER
01
COLOR SET
THE END
A GORGEOUS PARTY
一场华丽的聚会

COSMETICS
02
MAKEUP CLASSIC
SUNGLASSES
03
ROLE

图 2-78

第三章

版式设计中的形态格局与网格

授课目标：开启学生利用形态、格局、网格对版式空间进行构成表现。

教学重点：版式形态构成、版式格局分割、版式网格使用的重要性。

教学难点：格局分割、网格构建在版式设计中的应用。

作业要求：

（1）记录体验：

① 自己选择3张感兴趣的版式图例用抽象的点线面表现形态进行分析和解读。

② 在电脑上画出格局尺度框并用来分析优秀作品。

③ 选择对称网格、非对称网格、成角网格的作品进行解读分析。

（2）设计实践：组织图片、文字内容按照限定要求完成排版练习10幅左右，形式内容统一，强化训练学生对版式形态的构成意识、格局的划分意识和对网格的使用意识。

第一节 ⊙ 形态的抽象美

版式的造型表达形式即为形态。“形”通常指物体外在的形状；“态”则是物体蕴涵的神态。一组文字、一个色块乃至一部分空间和空间中的一组物象，都具有形态。形态重点是通过外形把握其表现，通过外形特点对观者所产生的心理效益去研究形态的“态势”或“生命态”的表现。只有将“形态”上的感人魅力注入设计，才能达成对事物完整、科学的认知。版式设计最为关键的是要寻找版式构成的造型元素的表达形式，寻找符合视觉表现的元素构成的排布样式及关系。

版式设计中，版式的造型表达形式分为具象层面和抽象层面。具象层面的版式造型表达形式不外乎版式空间中有形的文字、图片、色彩视觉元素；抽象指的是受众在欣赏观看版式时，将事物的表象因素从事物中剥离，留下事物的本质因素，并将本质因素上升到理念形态的过程。抽象层面的版式造型表达形式是点、线、面的构成符号，它们的作用是组织、归纳整理版面中的视觉信息；强调内容、引导视觉；点、线、面的组构在版式中相互呼应，共同实现作品主题，保持版面平衡。所以，版式形态的抽象不单是几何意义上的简单造型，也是创造版面视觉流程的重要指向性元素。设计师要理解并用好版式中点、线、面这种抽象的艺术语言。

一、点

点在版式设计中的基本概念是：当形态在版式空间中通过整体比较确定被视为极小的面积时，此形态被确定为点，点具有相对性。版式中一个足够小的视觉元素的出现相对于版面的空间来说就被叫作点。点在版式作品中出现的表现形式不受形状的限制，是可变的，不同形状的点往往给人以不同的视觉心理感受(图3-1)。尽管点的造型千变万化，但是在设计师看来点在版式空间中的出现仍是最抽象、最本质的形状。

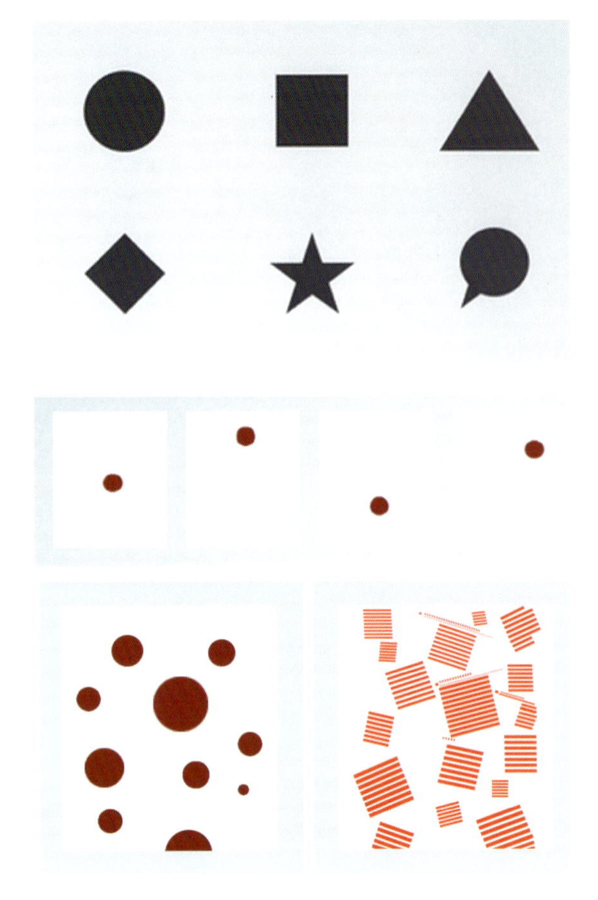

图 3-1

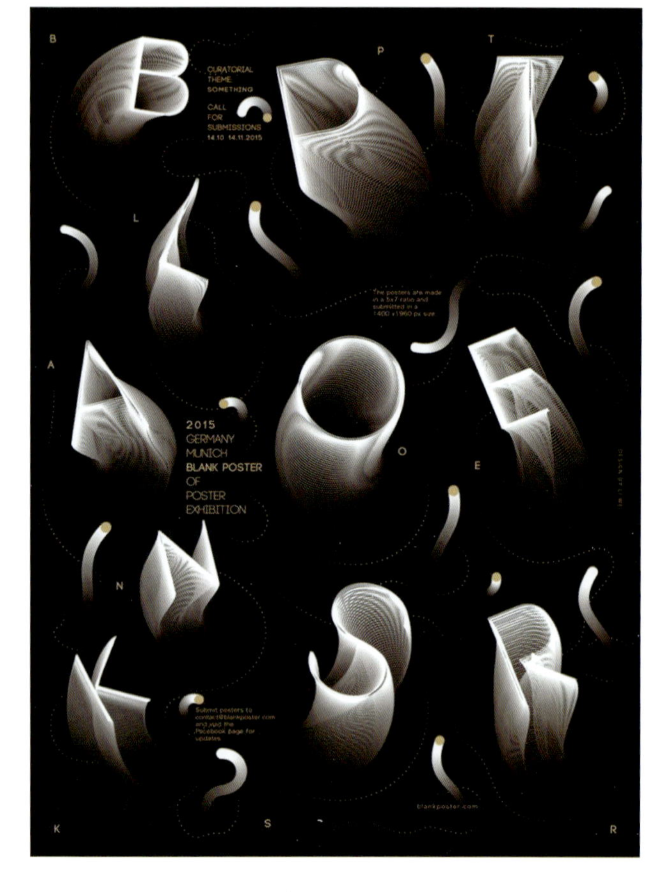

图 3-2 版式中文字形态的点

我们可以把版式中出现的点的类型按照不同的标准进行分类。

1. 按内容划分的点

点可以分为：文字点的形态，把大小各异、高低不同的文字作为空间中的点做有规律的倾斜排列，形成写意的动势和前后空间层次，可以产生跳跃、欢快的整体感受(图 3-2)；图形点的形态，版面上出现的不同的图形作为三个相同大小的点会形成一种视觉上的“虚线”连接，这都是点的妥善安排(图 3-3)；肌理形态的点，通过镂空工艺和涂鸦质地所形成的不同样式点的对比，凸显了食品的新鲜(图 3-4)。

图 3-3 版式中图形形态的点

图 3-4 版式中肌理形态的点

2. 按构成形式划分的点

点可以分为对比的点，将相同或相异的点进行强弱对照，产生大小、明暗、黑白、疏密和远近的对比，这些对比相互作用，从而达到一种跳跃、闪烁的感觉(图 3-5)；重复的点，在图 3-6 中人物动作作为点的等间距编排，构成一定的面积，形的感觉就非常强烈；渐变的点，是按照某一规律逐渐递进变化的构成形式，还可以是意义上的递进变化（图 3-7)；变异的点，是不按规律，与周围形成强烈对比的突变构成形式，版式效果醒目而突出（图 3-8）。

图 3-5　对比的点　　图 3-6　重复的点

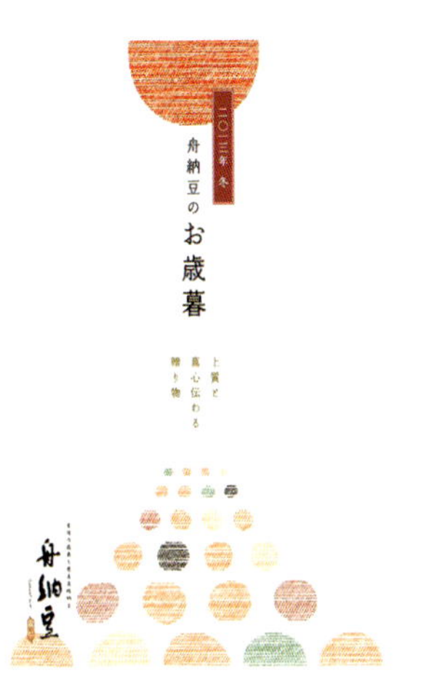

图 3-7　渐变的点

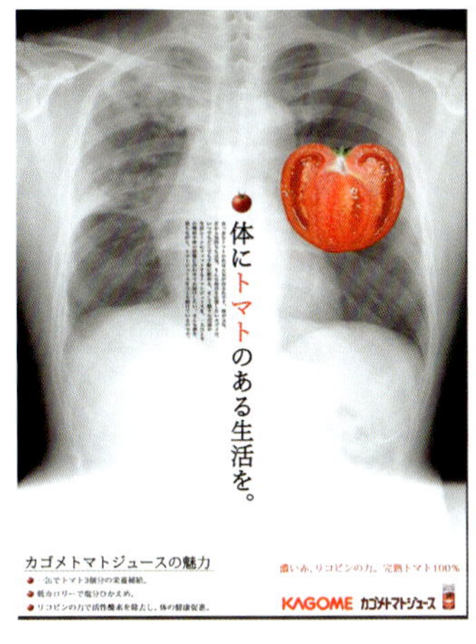

图 3-8　变异的点

3. 点在版式视觉流程中的位置与作用

点在版式视觉流程中的不同位置会直接影响版面的视觉效果，起到不同的作用。点的位置在版面几何中心时会起到画龙点睛的作用，也有利于稳定画面(图 3-9)。点在版面几何中心偏左或偏右起到扩张的作用，有利于形成张力趋势(图 3-10)。点在版面靠上方或下方的偏移位置会有上升或下降感，起到领军的作用，在图 3-11 中俯视的人群以点的方式朝大标题方向做疏密移动排列，形成运动趋势。

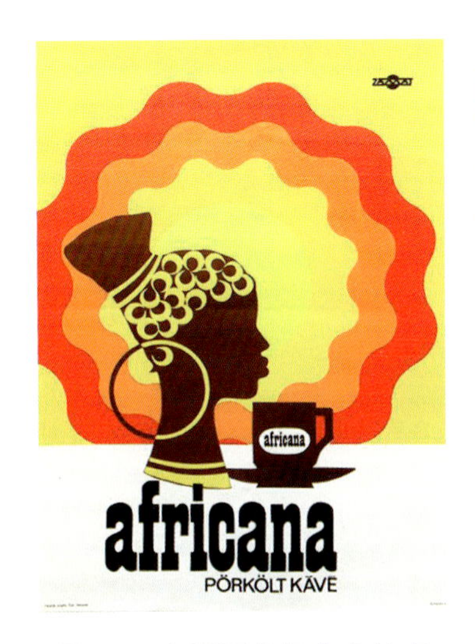

图 3-9　在版面几何中心的点

图 3-10　偏右的点产生张力

图 3-11　靠上的点产生汇拢趋势

二、线

线，在版式设计中有着丰富变化的视觉形象，是版面构成形式的视觉元素之一。不同组织形态赋予线在视觉上的多样性，线有实也有虚。线的粗细和明暗变化，给读者带来不同的视觉感受。一条直线在版面中可引导人的视线轨迹和视觉流动方向；一条曲线委婉而快乐；一条斜线相对于中规中矩的水平线和垂直线具有更显著的视觉诉求力。

1. 线在版式中所起到的作用

（1）描述。由文字构成的线可以描述特定的某些信息内容。在图 3-12 中文字所构成的线条按照某些规律发生排列上的变化，有节奏地运动，使整个画面具有视觉冲击力。除此之外，文字的线还可以用来描述具象的物体形态（图 3-13）。

（2）导向。作为视觉导向的线可以用来直接指向要说明的文字信息，或是引导图形（图 3-14）。

（3）装饰。传统纹样装饰的线条将版面空间进行划分，空间整体风格回归传统（图 3-15）。

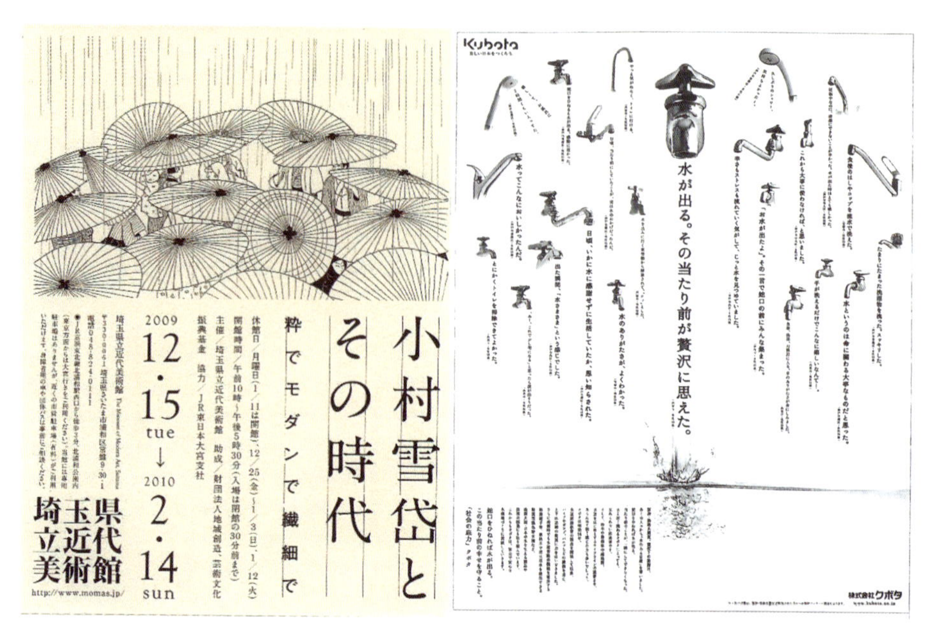

图 3-12 描述的线　　图 3-13 描述具象形态的线

图 3-14 导向的线

图 3-15 装饰的线

(4) 分割线可以对版面进行等分不等量的划分，形成无穷无尽的变化。在图 3-16 中，整个版面被斜直线分割，这种分割形式有利于阐述产品形象。有时候一根线还可以把版式分割成左右两个空间，具有热情向上、勇往直前的速度感觉。由于线条所具有的这种视觉引导作用，因此在版面分割与视觉引导两个方面具有相当重要的作用，我们可以在版式编排中利用这一特点依据线型示意一定的方向(图 3-17)。

(5) 情感表达。图 3-18 中以点状人物排列所形成的自由曲线形象表现了友好平和的情感状态，中间节奏规律被突然打破是为了传达节日的欢乐气氛。

2. 线在版式中的呈现方式

(1) 直接划出的线条。在图 3-19 中线条以不同倾斜度划分出了版面的主次空间，还起到了限定和区隔的作用。

(2) 图形的轮廓线。在图 3-20 中，通过提炼图形的轮廓所得到的线条具有视觉扩张力和识别性，能吸引读者的视线。

(3) 物体本身的线。在图 3-21 中各种物象形态形成的线长短不一、粗细不同、虚实相接，重心在版面左上角呈放射状斜式排列，为版面带来了广阔的思维空间。

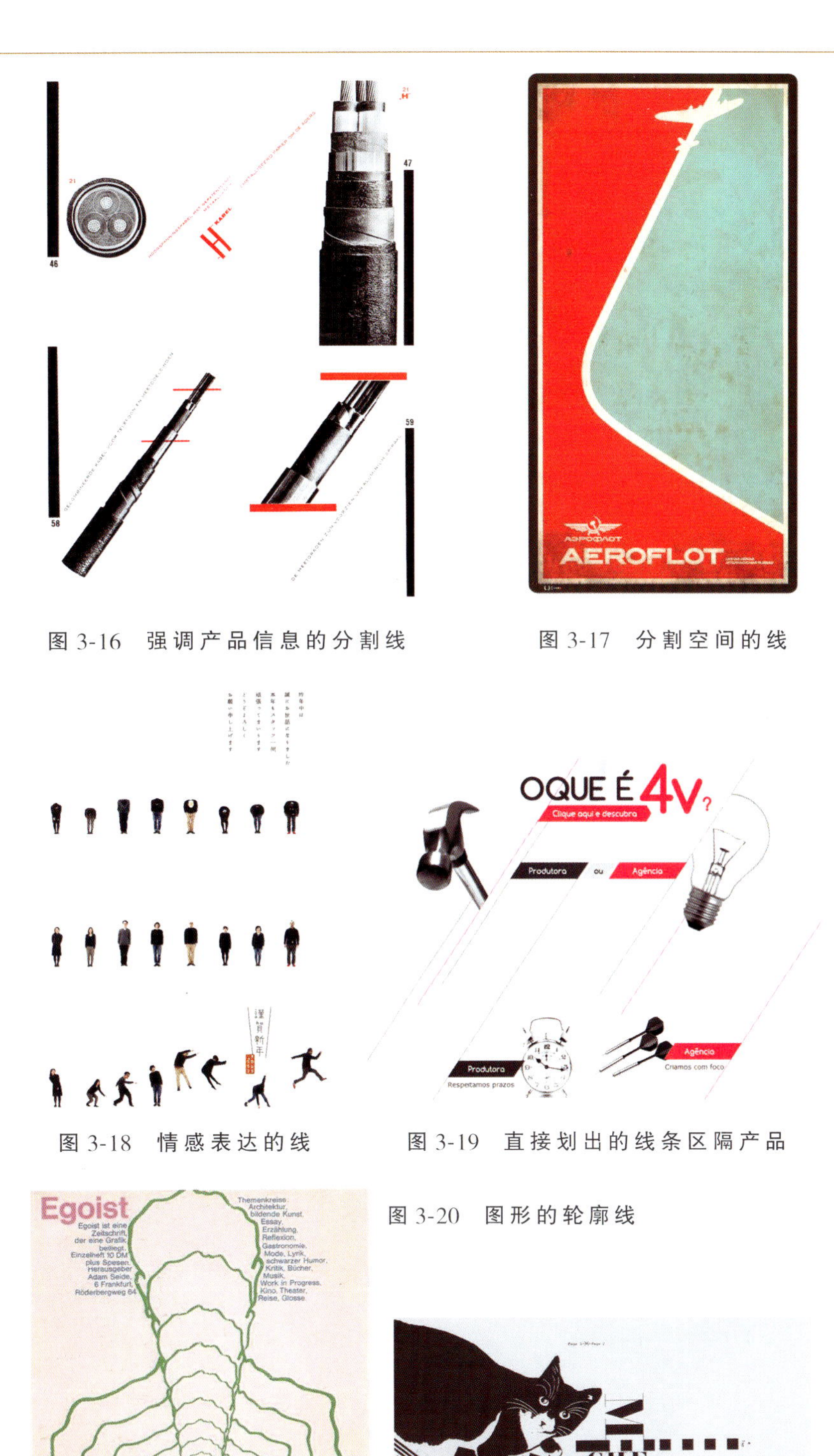

图 3-16　强调产品信息的分割线

图 3-17　分割空间的线

图 3-18　情感表达的线

图 3-19　直接划出的线条区隔产品

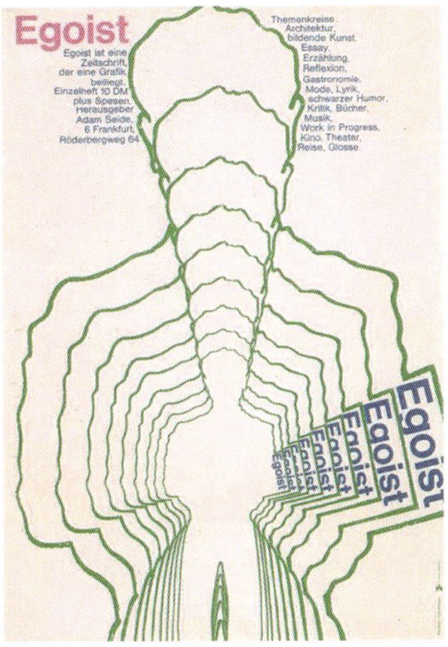

图 3-20　图形的轮廓线

图 3-21　物体本身的线

3. 版式中的文字线性排列构成

(1) 放射排列构成。即版面线性排列的视觉元素以视觉焦点为中心，四面八方散射构成。如图 3-22，以人物为视角中心的线化文字呈放射状排列。

(2) 几何排列构成。即版面线性排列的视觉元素以视觉焦点为中心，画圆圈或方块散射构成。图 3-23 中线性文字以一个被打散的“圈圈”做散射排列，看似散开其实彼此都有着严谨的联系和规律。

(3) 自由排列构成。即版面线性排列的视觉元素彼此间以打散、错位、叠加的形式构成(图 3-24—图 3-26)。

(4) 纵向排列构成。即版面线性排列的视觉元素以一条纵向轴为中心，左右两边均衡构成(图 3-27)。

(5) 对称排列构成。即版面线性排列的视觉元素以一条或多条轴线为中心，左右两边对称分布排列。对称排列时要注意调整因对称而导致的视觉沉闷，适当地添加对比变化(图 3-28)。

图 3-22　放射排列构成

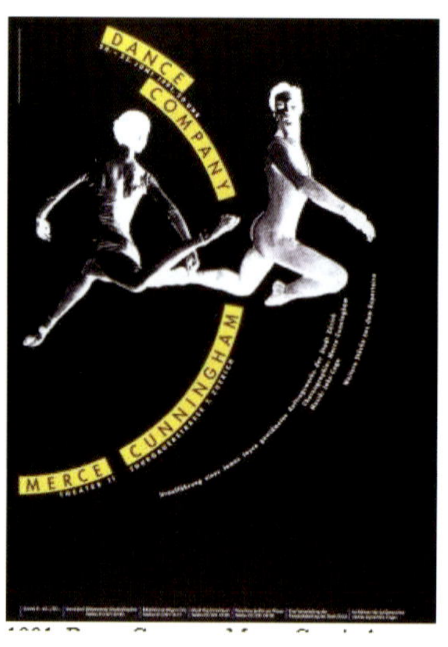

图 3-23　圆圈排列构成

图 3-24　打散排列

图 3-25　错位排列

图 3-26　叠加排列

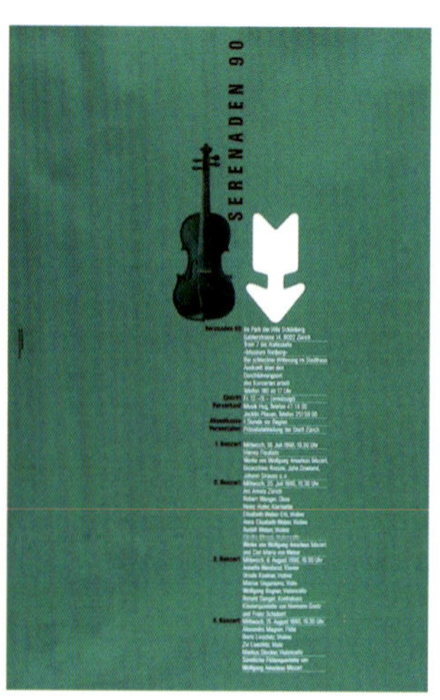

图 3-27　纵向排列

图 3-28　对称排列

三、面

面，不但具有点的特征，还蕴含线的特有属性。人的视线会按照面的逐层排列和排列的方向移动。因此，面也具有整理版面的作用，通常，面往往以其自身边缘来划分和确定版面的不同扇区。在平面设计中，面是点在面积上的扩大，是无数点在量上的聚集，是线在宽度上的不断增加以及线的运动轨迹。面的边界线是决定面的形态特征的关键。我们通常把这些边界线称为轮廓线。轮廓线有长短曲直的变化，它们直接改变着面的形状特征。如果轮廓线封闭、清晰，面的感觉就完整、强烈，有力量感和扩张感。如果轮廓线松散、淡化，面的感觉就相对较弱。面的形态是多种多样的，不同的形态的面，在视觉上表现不同的情感。直线形的面具有直线所表现的心理特征，有安定、秩序感，具有男性的性格；曲线形的面柔软、轻松、饱满是女性的象征；不规则的肌理面如水和油墨，混合墨洒产生的偶然形等，比较自然生动，有人情味。

1. 面在版式中所起的作用

（1）主导作用。在图3-29网页版式中用面积不等的矩面来切割版式空间，视觉上非常有秩序感且稳定。以旋转之后的面切割画面让页面整体比较活泼可爱，和网站气质非常吻合。这样的规则几何元素被穿插在整个版面中，改变方向才能显示出灵动。

（2）留白作用。信息设计中面的好处是显而易见的。版式中对面进行留白保留，目的是纯粹地突出文章本身，而将一些辅助的信息收起来，适当的留白可以摒弃过多无用的设计，这才能够深入人心。图3-30界面中点线面的元素合理排布，无不体现了设计师的匠心所在，同样以信息为本的设计靠留白来分割内容之间的关系，其关键在于大面积虚空间的衬托将实体最纯粹地展现出来，而界面越来越趋向这种纯粹的形式，版式中的白变成了一种更高尚的美，让现代人能释放压力并享受这样的美感。

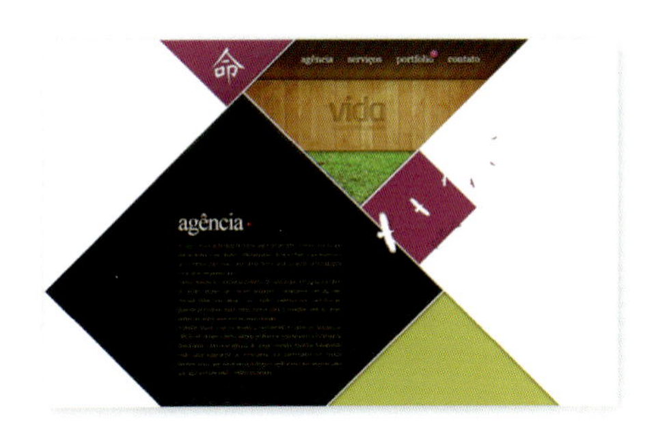

图3-29　面的主导作用

图3-30　面的留白作用

2. 面在版式中的处理方法

（1）利用面的四边延续扩大版面的空间。面的四边对于版式设计是很重要的。对面的四个边进行延展，会使版面有更多想象的空间。如果文字元素任意一边接近版面的边缘，虚空间就会被放大。如图3-31中杂志的封面边缘只露出了字母的一个角，却让整个画面被放大，视觉的扩大让版式显得很大气。其他页面还可以利用元素的延续性，让版面有一定的关联，例如图中杂志的左侧图片采用延伸到右页的方式，让两个页面感觉上是一个面形的过渡。

（2）文字面化的三维排列。在图3-32中文字从多个维度进行面化的排列。

（3）正负空间对比。正形在版面构成上是实体，具有紧张、向前、明确的感觉；负形是面的虚体，具有轻松、深远的空间层次。正负形的合理安排能保持视线兴奋，从而达到诉求目的(图3-33)。

图 3-31　沿着面四边延续扩大版面空间

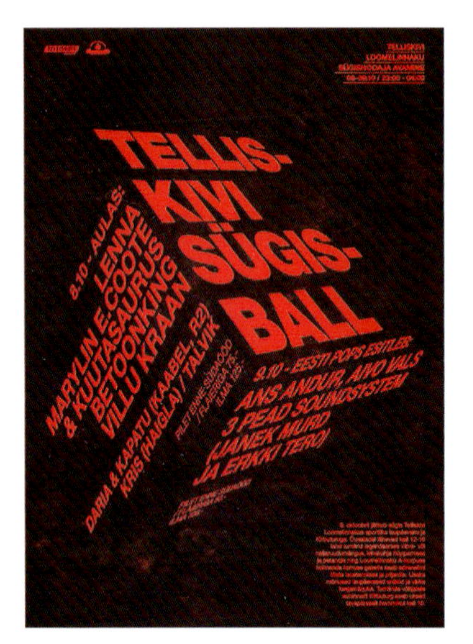

图 3-32　文字面化的三维排列

图 3-33　面的正负空间

(4) 利用面的交错和重叠打破平淡。在版面中可安排一些面与面的交错重叠，打破版面呆板、平淡的格局(图 3-34)。

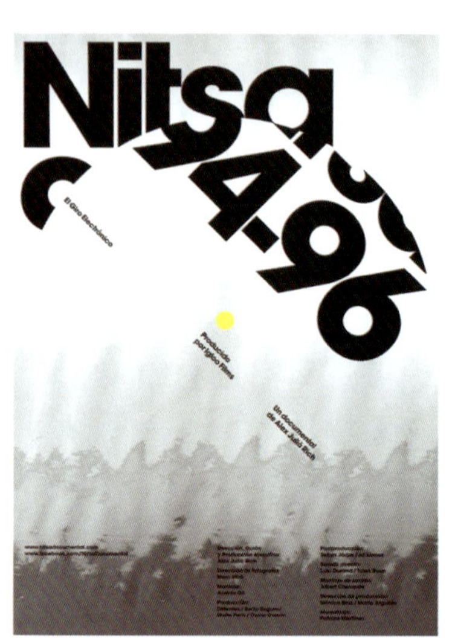

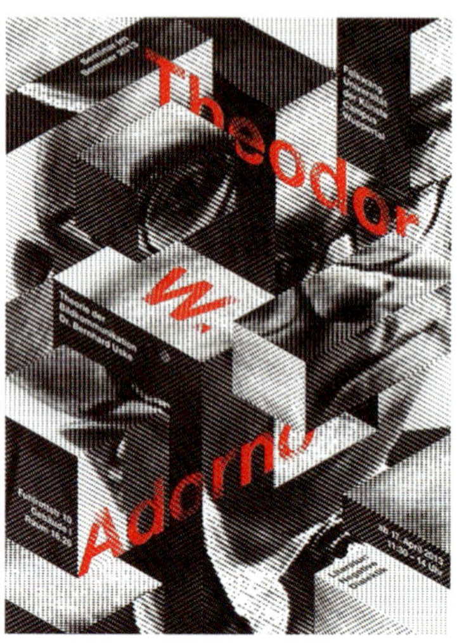

图 3-34　利用面的交错、重叠分割打破平淡

第二节 ⦿ 格局的秩序美

版式视觉元素的布局依据即格局。俗话说，无规矩不成方圆，格局是支撑起版式的骨骼。阅读的有效舒适、画面的稳定平衡正是由于版式格局的井然有序。秩序是事物与生俱来的各个组成部分的和谐一致，任何盲目性的细节处理以及单凭直觉的添加、削减或更改都会使其美感降低。亚里士多德在其《诗学》中提到："一个有生命的东西或是任何由各部分组成的整体，如果要显得美，就不仅要在各部分的安排上见到秩序，而且还要有一定的体积大小，因为美就在于体积大小和秩序。"可见，秩序满足人们视觉心理的需求，为版式创造了美的条件。所谓"行文有序"，指的是版式作为文字的载体必须按照科学规律，以合理的顺序进行处理，做到"言之有序"。那么，如何把视觉元素按科学的格局进行布置安排呢？首先，任何格局的秩序都必须与版式要传达的主要内容相呼应；其次，在设计时要掌握一些美好的格局比例、特殊的格局分割方法，以舒适与美为前提来表现版式格局的秩序，达到整体的平衡，使得版式设计可以更便捷、更有章可循。

一、美好的黄金分割比例

比例是研究自然物体中所包含的数比关系，研究内容包括整体与局部、部分与部分之间长度、体积与面积相应要素的比值关系，及某个区域的分割等级关系等。几个世纪以来，画家、建筑家、雕塑家都一直在作品中不断探索"怎样通过比例关系创建美感"这个问题。其中，影响最为深远的是古希腊毕达哥拉斯提出的黄金分割律，之所以冠名"黄金"是因为这种比例应用到设计作品中时会营造出艺术感。黄金比例应用时一般取 0.618 或 1.618 为标准，其比值是一个无理数（图 3-35），即线段 a+b 总长之和是蓝色线段 a 的 1.618 倍，蓝色线段 a 是红色线段 b 的 1.618 倍。这个标准逐渐形成了古希腊特有的理想化美感定律，直到中世纪的一些数学家在前人基础上对自然界物体形态的规律进行研究，发现了一系列有规律的黄金比率递增模式。由 0 和 1 开始，之后的数字由之前两数相加得出，后一位数与前一位数的比值最终为 1.618，称为斐波那契数列模式（图 3-36）。斐波那契数列分割模式比例与黄金比例之间有着精确对应的数学关系，被分割出来的小矩形同样遵循着黄金比例。斐波那契数列模式的形态如同黄金涡眼经常出现在诸如蕨类植物的茎、鲜花、贝壳，甚至飓风中。除此之外，五角星形状之所以受到人们的喜爱很大程度上也是因为在五角星中可以找到所有线段之间的长度关系都是符合黄金分割比例的，故也有人将黄金分割誉为神赐的比例（图 3-37）。

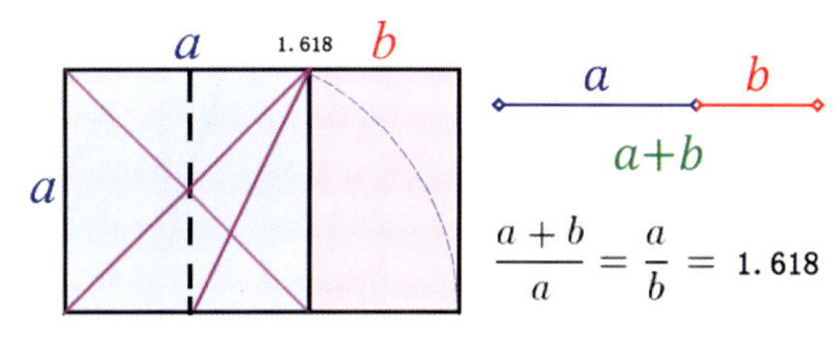

图 3-35

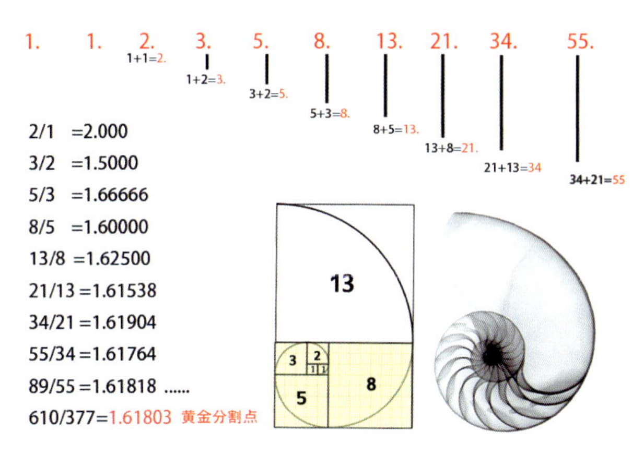

图 3-36

图 3-37

1. 绘制黄金矩形

黄金矩形绘制的过程，如图 3-38 中所示，先画一个正方形将边长二等分，求得底边的中心为圆心，以底边中点到右上角的连线为半径画一圆弧，画的圆弧与底边延长线相交，从这交点向上画

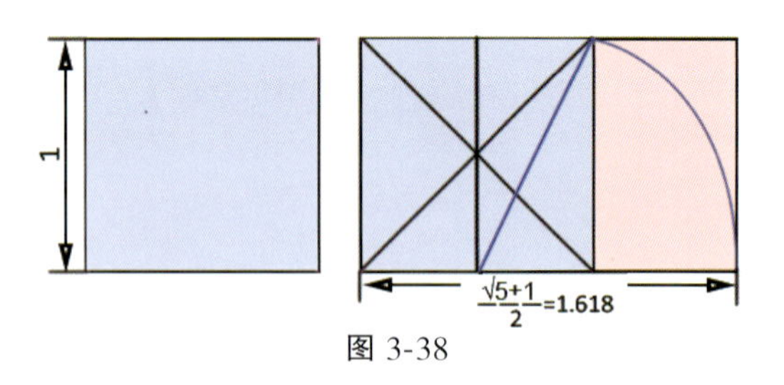

图 3-38

一条直角垂线，相交于正方形顶边的延长线，就可以获得一个黄金矩形。这个矩形，高为 1，底边长为($\sqrt{5}$+1)/2=1.618。换言之，新的黄金矩形等于正方形与黄金矩形之和(图 3-39)。继续以这样的方式向新的矩形中填充正方形，那么每一个黄金矩形里都包含一个越来越小的正方形。

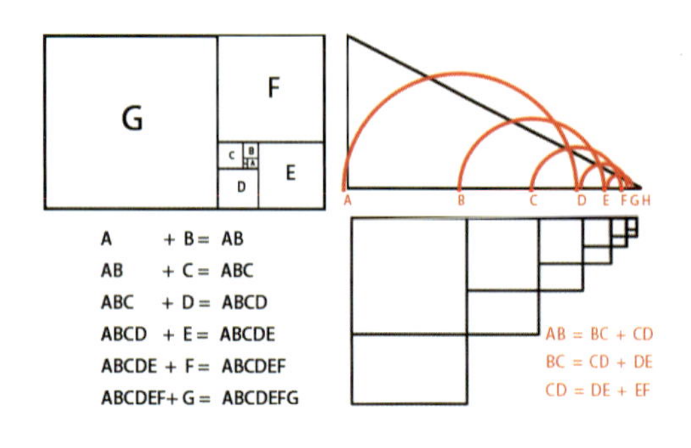

图 3-39

2. 分割黄金矩形

分割是把整体或有联系的事物分成多个部分。而在版式设计中，分割是为了给编排元素在空间格局中形成元素位置提供依据。由于绝大多数的版式设计区域都是矩形，在这些矩形中利用黄金比例进行分割可以制造出更多既有变化又有秩序感的格局形式。

(1) 三分矩形的黄金分割点。以图 3-40 为例，若在任一矩形的线段 C1D1 和 C2D2 上求得两个黄金分割点 A1B1、A2B2 的准确位置，就要通过 CD∶CB=1.618，AD∶CA=1.618，C B∶CA=1.618，CA∶AB=1.618 的规律计算得出每条线段上 A、B 点，再将四个点用两条横线和两条竖线进行分割，将页面分成 3×3 的简易黄金分割布局结构，即“三分构图法”。三分构图是版式中最为常见的基本格局，四个黄金分割点相交的位置为“视觉热点”，周边区域为“热点区域”。一般我们将重要元素置于视觉热点控制的中间位置，其他元素则全部在对角热点区域的附近井然有序。

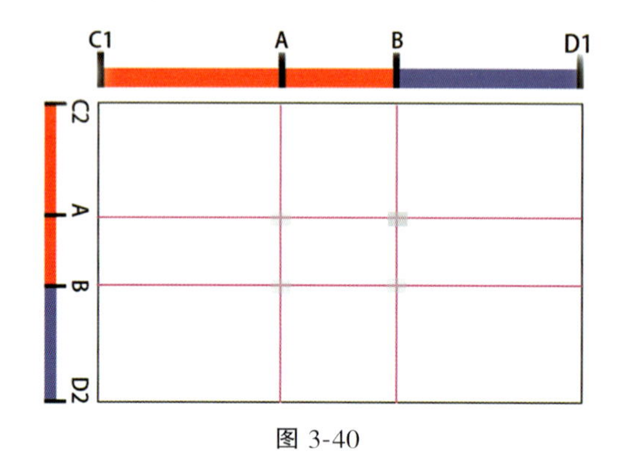

图 3-40

(2) 方根矩形的黄金分割。方根矩形也叫 2 次方根(1.414)，它是可以不断地被二等分、三等分、四等分、五等分下去，得到等比例的方根矩形，作为版面设计的另一种格局尺度。绘制$\sqrt{2}$矩形的方法，也是以单位正方形的对角线为半径画圆，并与底边的延长线相交。所得到的点即为$\sqrt{2}$分割点。如果将$\sqrt{2}$分割点作为对角线继续绘制下去，依此类推，可以得到$\sqrt{3}$、$\sqrt{4}$、$\sqrt{5}$等矩形(图 3-41)。我们平时使用的 A3、A4 纸张就是根据

2 次方根矩形比例的原理来规定尺寸规格的，A4的纸张长宽比为 297÷210=1.414，16 开的纸张长宽比为 260÷184=1.413，32 开的书籍封面长宽比为 184÷130=1.415。因为从 A0 大小开始，就是长宽比为 1∶$\sqrt{2}$ 的纸张，长宽比永远都是相同的，这样依次就能得到 A1—A5 纸张的大小，其他纸型同理(图 3-42)。

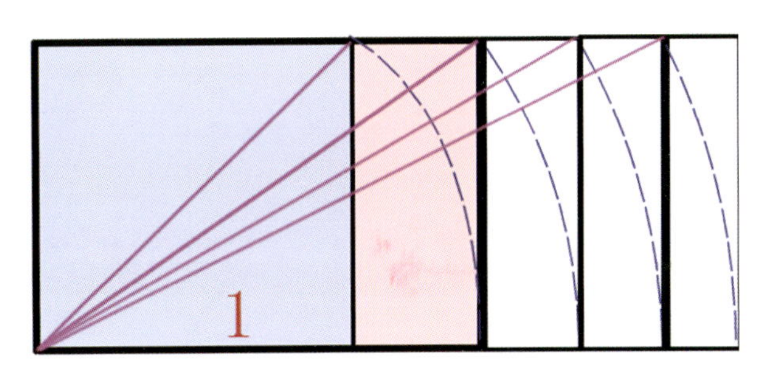

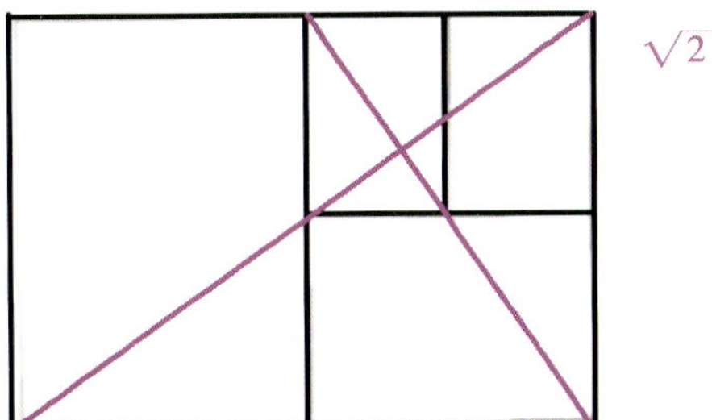

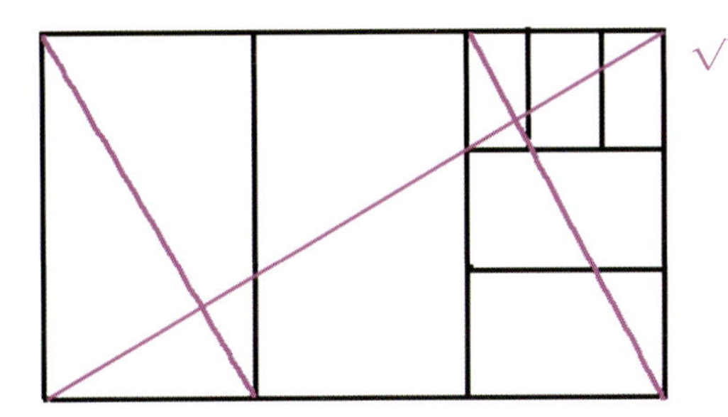

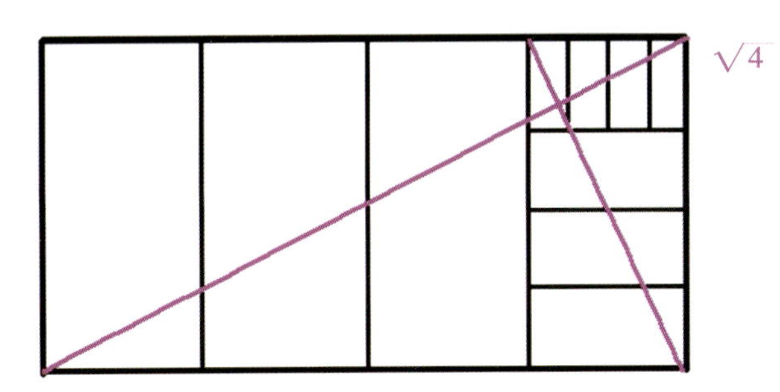

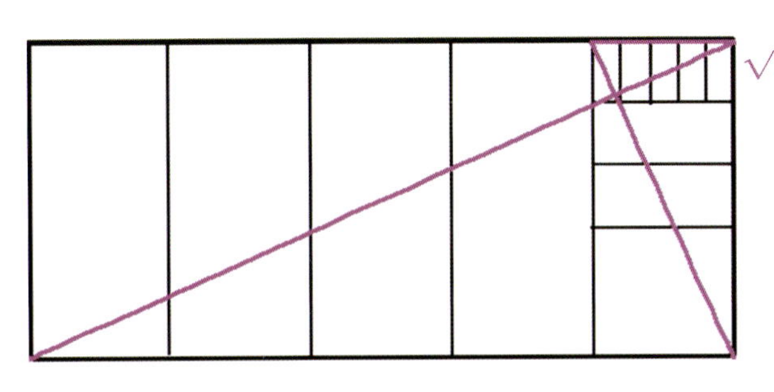

图 3-41

图 3-42

(3) 黄金矩形的多种分割样式。黄金比例的分割呈现形式很多，以图 3-43(3)为例，每个正方形中内切一个圆形，那么这组圆形将遵循 1.618 的黄金比例，拥有着均匀而平衡的比例关系。我们可以继续分割出更多既有变化，又有秩序感的空间分割样式(图 3-44)。

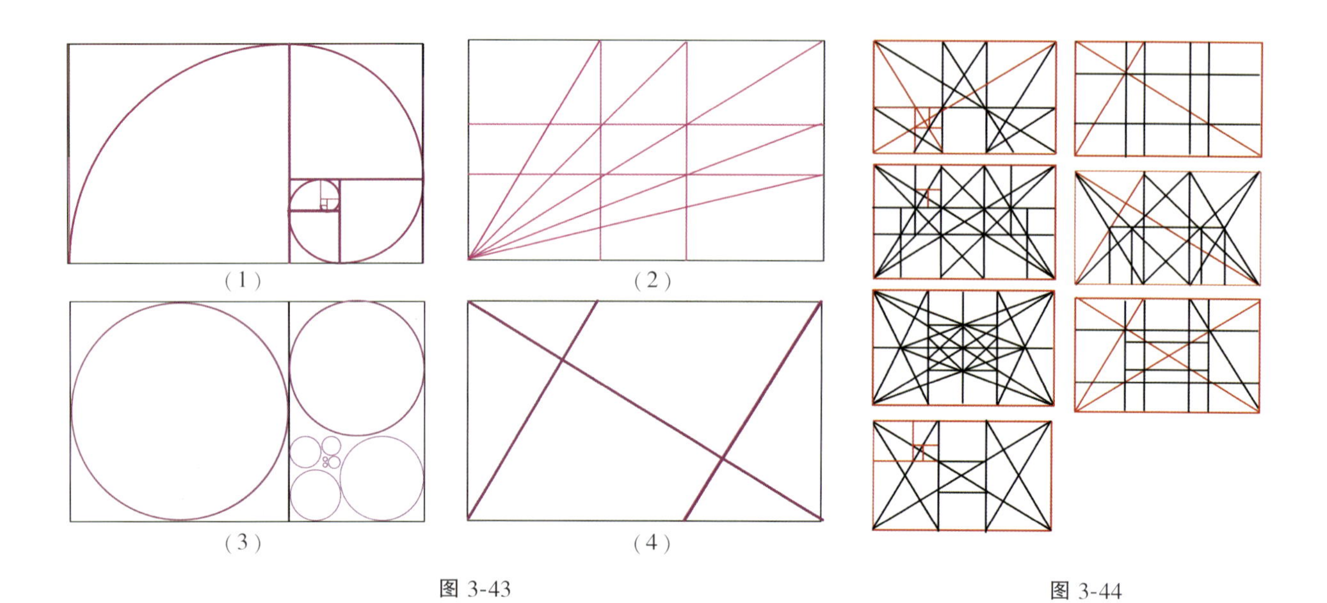

图 3-43

图 3-44

二、黄金比例格局在版式布局中的应用

在版式设计中，协调的布局能够营造出优秀的作品，借助黄金比例来协调页面中的多种元素，通过比较合理的计算有的时候比直觉合适。我们可以将它用到尺寸、空间间隔、内容、图像当中。

1. 将版式尺寸设置成黄金比例

在布局中使用黄金比例的方法是把握好 1∶1.618 的黄金比例。以图 3-45 为例，使用 960 像素宽度布局的时候，除以 1.618 可以得到 594 像素，可以用作布局的高度，然后将整个布局划分为两栏，一栏方形，一栏矩形，一个协调的布局就出来了。

2. 黄金螺旋的应用

(1) 沿轨迹布局留白间距。间距留白是设计中非常关键的元素。在基本的布局上，借助黄金螺旋调整多种不同的元素于同一页面上，可以筛选出合理的空间布局和间隙(图 3-45)。招贴有大量的留白，而其中各种元素的设计比例、位置和留白就是按照黄金螺旋规律来布置的。

图 3-45

（2）沿轨迹布局内容。图 3-46 中的字母分布看起来乱中有序，它们就是沿着黄金螺旋来分布的，随着螺旋半径的缩小而逐渐缩减字体尺寸，提升字母的密度。这样的设计保证了视觉的平衡，富有设计感而不混乱。

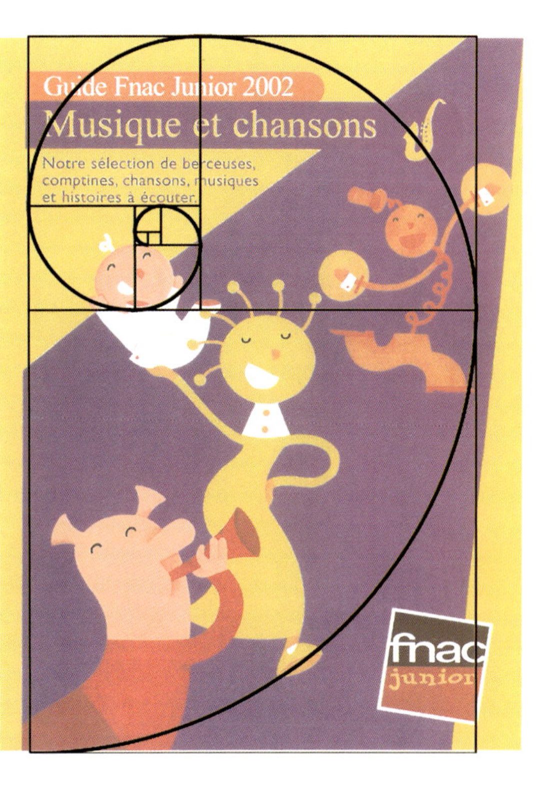

图 3-46

3. 黄金比例“三分法”的应用

在图片上利用黄金比例，可以帮助我们设计引导视线的重要要素。利用黄金比例，可以将图像划分为横竖三个部分。画面的比率就可以利用黄金分割法来设置为 1∶0.618∶1。参考图 3-47 中借助黄金比例分割的四条线，将两张类似视角图片分别放在格子中，让图片有序且专业。除此之外，黄金比例可以让图片变得更加吸引眼球，让重要的信息脱颖而出。时尚杂志通过这个比率能够设计出受众喜欢的版式。

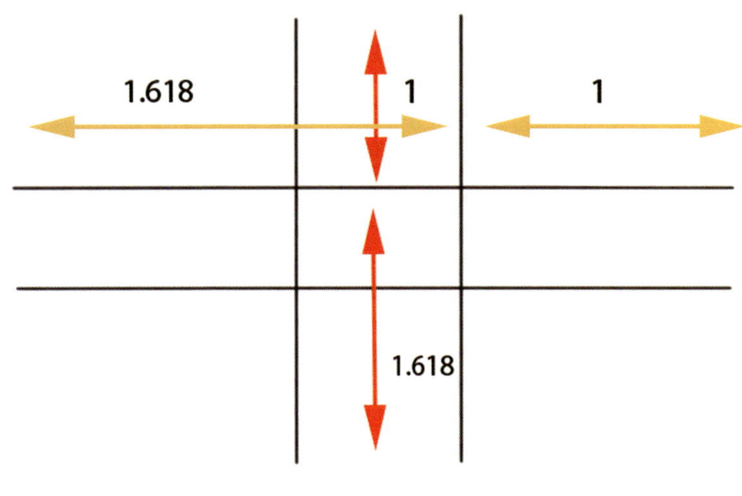

图 3-47

4. 黄金比例网格的应用

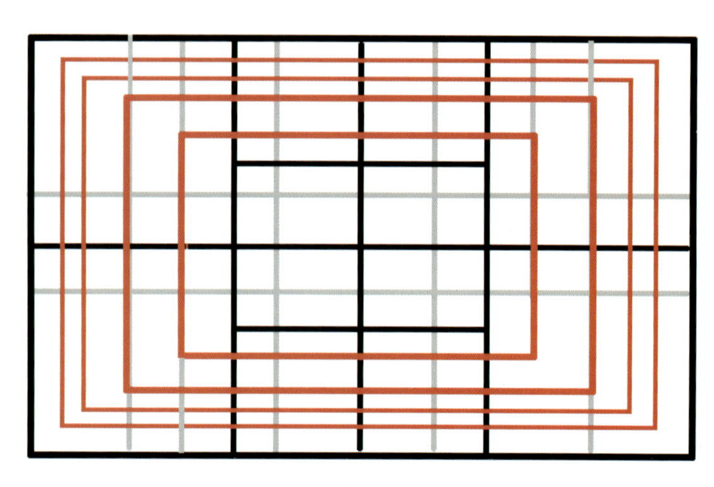

图 3-48

黄金比例是对空间的科学认识和理性理解，将视觉元素有机地布局在黄金分割的版式区域中，可以形成相当经典的视觉平衡关系。图 3-48 是基于黄金矩形分割样式所形成的一种综合网格格局，它可以在任意条件下作为规范版式的工具。基于这种黄金分割格局指导下的版式视觉元素配置要明确一定的构图规则。首先，所有的方格空间版面都必须要用到，画面的元素对齐临近的网格；其次，所用元素不允许超出构图版面的边缘。

主要表现为如下两种应用形式：

(1) 水平式构图。水平式构图均以网格内的水平分割线为基准，进行排列分布。在图 3-49 中，文字划分为上、中、下三种不同的排列方式，最下方的文字群最长，图像下方分两栏，左右相对均衡，人物位置居中，和自行车都处在视觉重心上，留白靠右上，大标题靠左上，红色和对角的红色 LOGO 形成呼应，形成平衡的版式布局。图 3-50 中，左上方的标题和内容区块明显是参考分割线来设计的，而背景中的西瓜图形正好压在分割线上，文字左对齐、右对齐相对应排列。

(2) 垂直式构图。垂直式构图是有选择性地将文字以网格内的垂直分割线为基准排列分布，比如我们可以选择标题之类的代表性文字。在垂直版式中，文字是从上往下还是自下而上被阅读的顺序，取决于非垂直文字元素的位置以及设计师的表达重点（图 3-51）。

图 3-49

图 3-50

图 3-51

第三节 ⊙ 网格的理性美

网格在版式设计中，是一种非常重要并且常用的版式设计方法，其特点就是运用数字的比例分割关系，通过严格的计算，把版心划分成无数统一尺寸的网格。网格能有效地构建设计方案，划分元素并分布区块，从而更好地掌控版面的比例和空间感。版式格局的秩序性质与网格的数理特性是天然地紧密联系在一起的。正如约瑟夫·穆勒·勃洛克曼曾说："把设计辅助网格看作是一个秩序系统，是一种理性设计的表现，说明设计师是有规划、有明确定位地来设计其作品的。"可见，网格是版式格局秩序构成的重要核心。为什么我们要使用网格？一方面，网格可以极大地提升编排工作的效率。应用网格系统可以帮助设计师在设计版面时排除设计元素被随意摆放的可能，限定设计中各个元素、元素间的位置关系，以及各个元素与整个设计主题的相关联性。国际主义平面设计大师缪拉·布洛克曼曾经这样说过："网格是一个辅助工具，虽然它不是传达信息的万能保证，但是它允许设计师使用尽可能多的方法去寻找信息传播的解决办法。"另一方面，网格有助于提高阅读的效率，曾有研究表明，字越小，字行长度越长，阅读越会产生障碍，因此对于文本量较大的版式可以使用分栏网格减轻长期阅读时的疲劳感。所以，我们必须学会绘制和使用网格。

网格是包豪斯所开创的构成语言的经典运用。从20世纪初的最初探索到20世纪的大规模实践和体系完善，多位设计师对网格系统进行长期探索、试验、整合。以20年代中期瑞士平面设计家埃米尔·鲁德尔在巴塞尔设计学院做的实践为例，他研究的矩阵网格，设计的主要步骤是运用纵横、垂直水平直线将版面划分为不同的区域，再以基本方格作为模数单位，运用等值数比关系，计算方格的间距，网格确定后再规则地安排图片文字。对于这样一种严谨理性的系统，也有观点认为网格过于程式化，限定性太强，过于机械。但正如平面设计师卡尔·格斯特纳在谈到网格体系限制性时说的那样："版面设计的网格是文字、表格、图片等的一个标准仪。它是一种未知内容的前期形式。真正的困难在于如何在最大的不变因素与可变因素之间寻找平衡。"在他看来正是这种限制的采用，帮助了设计师做出准确的判断。这些看似条理、简洁的网格，在设计运用中包含着复杂的变化。优秀的网格设计可以有效地传达设计作品所包含的信息，体现出一种理性之美和艺术价值感。

一、不同类型的网格结构

1. 分栏网格

分栏网格是纵向将版心划分为并置的单栏或多栏的网格形式。分栏是传统版式设计的基础设计方法，即利用垂直的线将页面划分成独立的栏，以栏规划所有文字、图片等视觉元素。栏的划分通常是等量、等距的，常见的有整栏、双栏，文字的编排都是以竖轴对称分布。

分栏可以有通栏(一栏)、两栏、三栏、四栏、六栏的样式(图3-52)。使用栏的样式必须考虑文本的内容。栏的作用在于约束图形、文字。分栏的栏宽受制于页面自身大小、阅读舒适度和设计需要，窄的栏就要用较小的字体。如果栏很窄、字号很大、字太少的话，就不能成行，不能一行行地阅读。

2. 单元格网格

单元格网格结构是在分栏网格结构的基础上将版心均分成一定数量的单元格形式。它的独特作用在于可以使页面产生横向或纵向的动感节奏，适合图形较多或同一页面信息分类较多的版式，还可以产生内容、角度富于变化而结构统一的效果。单元格数量的设定应根据具体信息内容本身和设计的需要来定。

常见的单元格网格形式有重复式单元格，即每个单元格都是同形状、同大小的，同时其排列也十分有序，效果非常统一(图3-53)。渐进式单元格是单元格之间的大小、形状、位置等方面按照一定的数列比例依次地变化，形成规律感极强的递增、递减效果(图3-54)。

3. 复合网格

单元格之间虽然遵循一定的尺寸或造型样式，但其中又有着很多变化的可能性，使编排的结果呈现多变的空间效果，又有着内在的联系，自由度、灵活性较高。图3-55是在卡尔·格斯特奈尔为杂志《资本》所设计的58格等分复合网格，在一个空间范围里，横向纵向均分58份，每一份为一个单位。这个数字同时可以被1、2、3、4、5、6整除，且每个格子之间间距为2个单位。所以我们依次可以得到以1、4、9、12、25、36为基础的六种网格类型，即1个单元的网格为58；4个单元的网格28+2+28=58；9个单元的网格18+2+18+2+18=58；12个单元的网格13+2+13+2+13=58。依此类推可到36个单元的网格。复合网格在科学的前提下蕴含着巨大的创造性余地，用法不同，效果迥然。

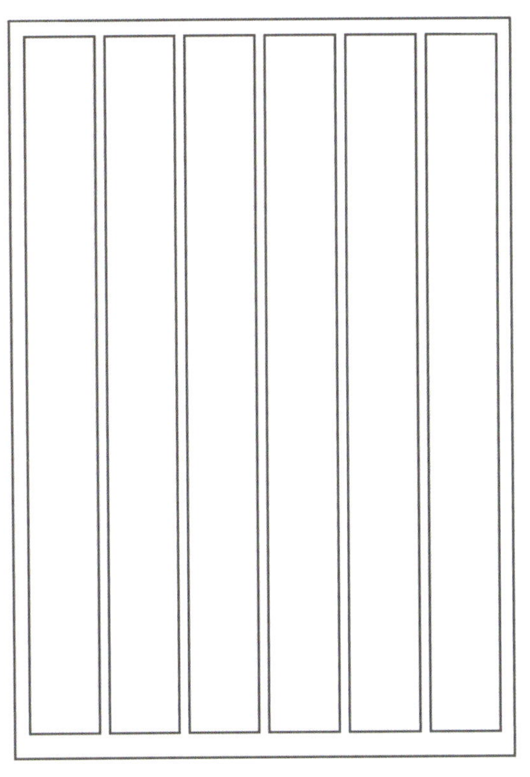

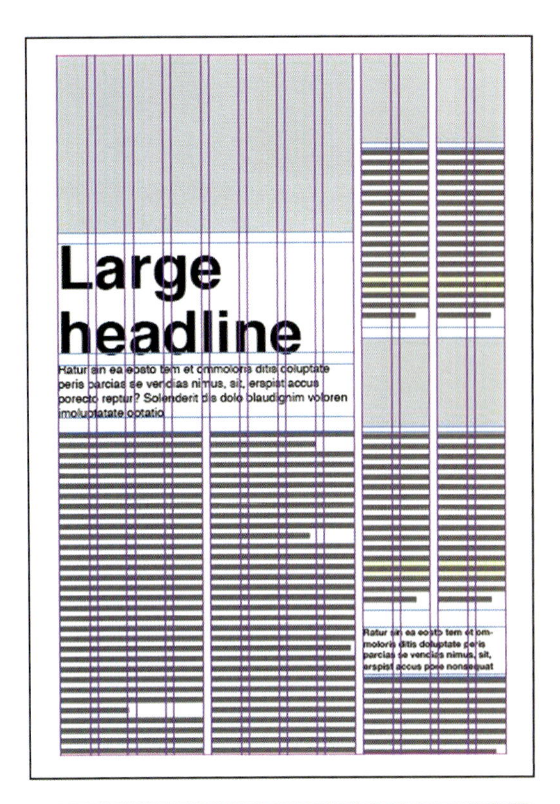

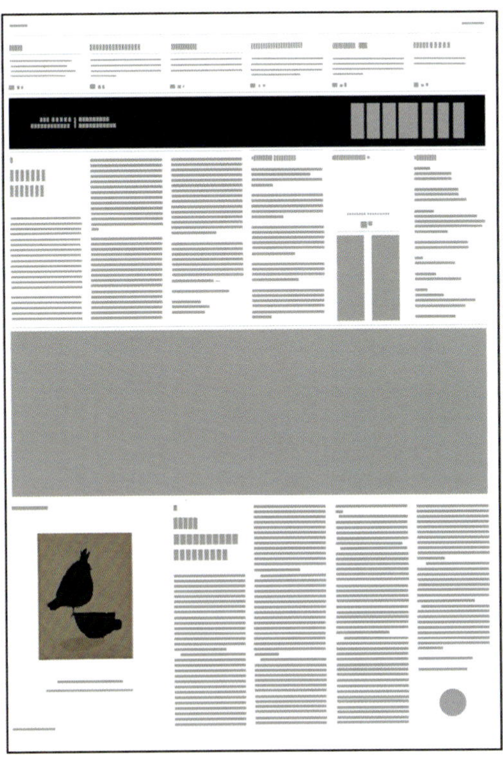

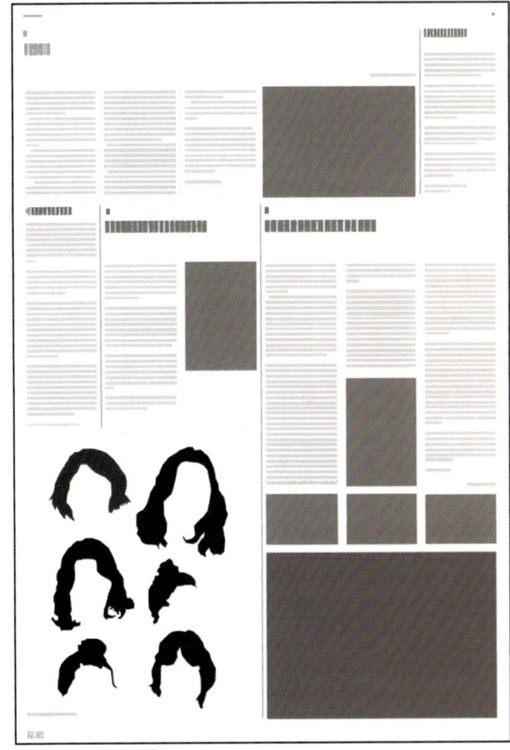

图 3-52

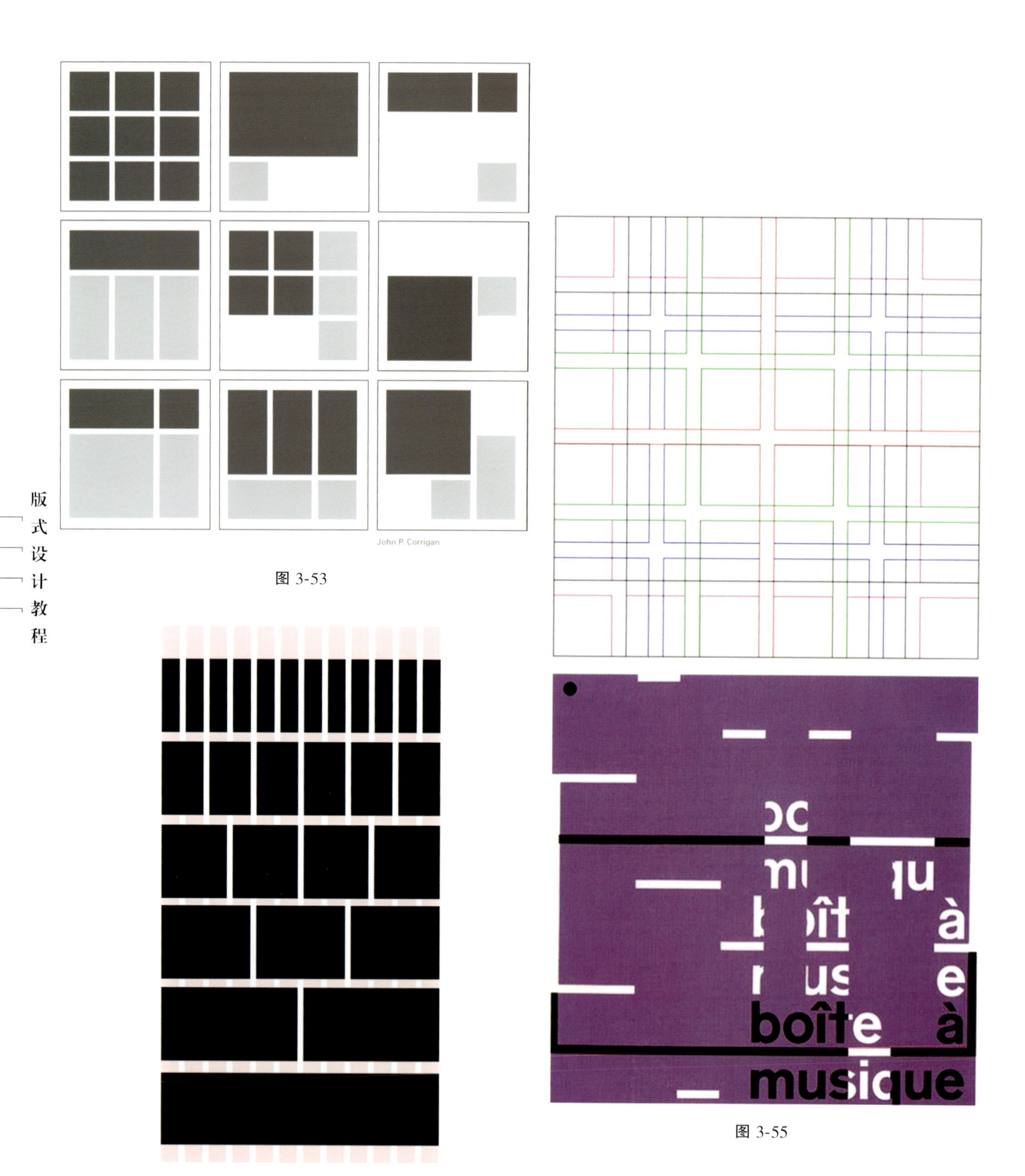

图 3-53

图 3-54

图 3-55

二、突破网格的调整方法

突破网格有以下几种调整方法：

(1) 采用出血、挖版、羽化、角版等特殊形状图(图 3-56、图 3-57)。

(2) 错落排列文字或图片(图 3-58、图 3-59)。

(3) 文本排列时的虚实关系(图 3-60)。

(4) 标题的灵活处理(图 3-61)。

(5) 用图形、色彩来充当网格(图 3-62)。

图 3-56

图 3-57

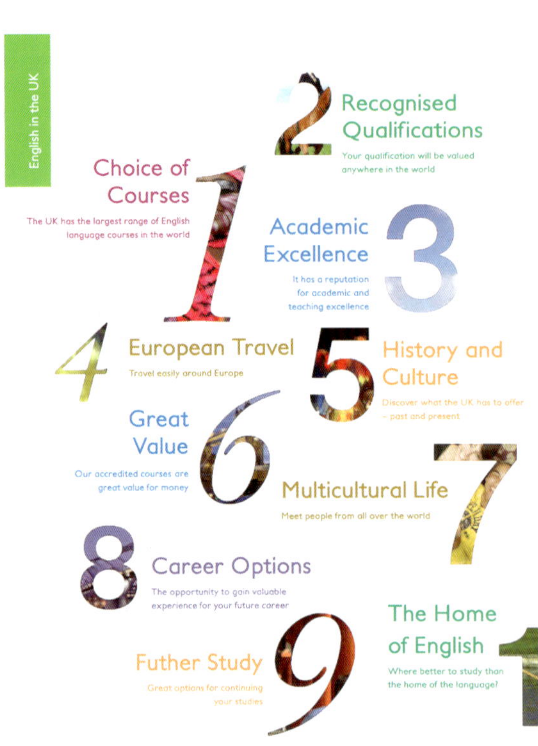

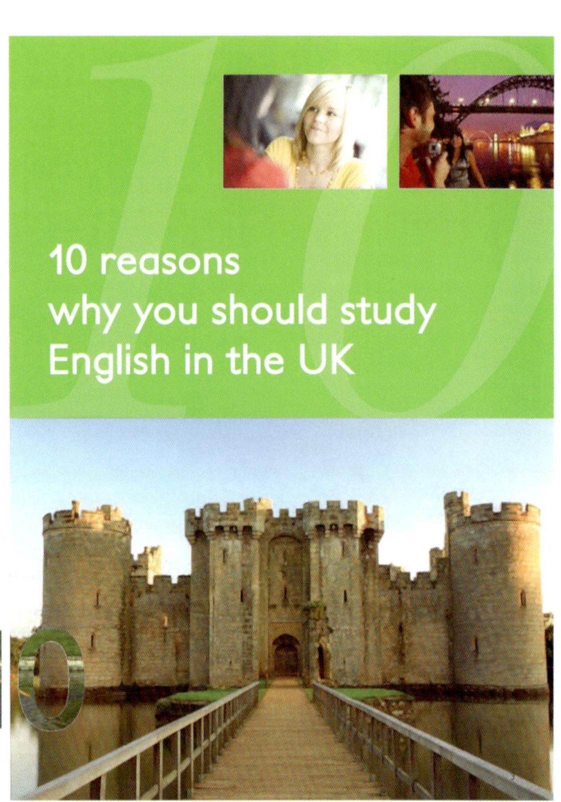

图 3-58

图 3-59

Mining and resource industry related demand have offset much of the downturn in the property and retail sectors of the economy.

Strong growth in the resources sector and related service industries is spurring change in Brisbane's economic landscape.

DR MISHKA FOSTER
PRINCIPAL ECONOMIC ANALYST, BRISBANE CITY COUNCIL

Employment and population continue to grow at a slower rate

ANNUAL WHITE COLLAR EMPLOYMENT GROWTH BY CITY, HISTORICAL AND FORECAST

	Historical	Forecast
City	1990-2010	2010-2015
Sydney	1.8%	1.9%
Melbourne	3.1%	1.9%
Brisbane	2.5%	3.1%
Perth	2.0%	1.5%
Adelaide	1.3%	1.7%
Canberra	2.0%	1.4%
Average	2.2%	1.9%

Source: Deloitte Access Economics Q2.11 and CFSGAM Research; Urbis

图 3-60

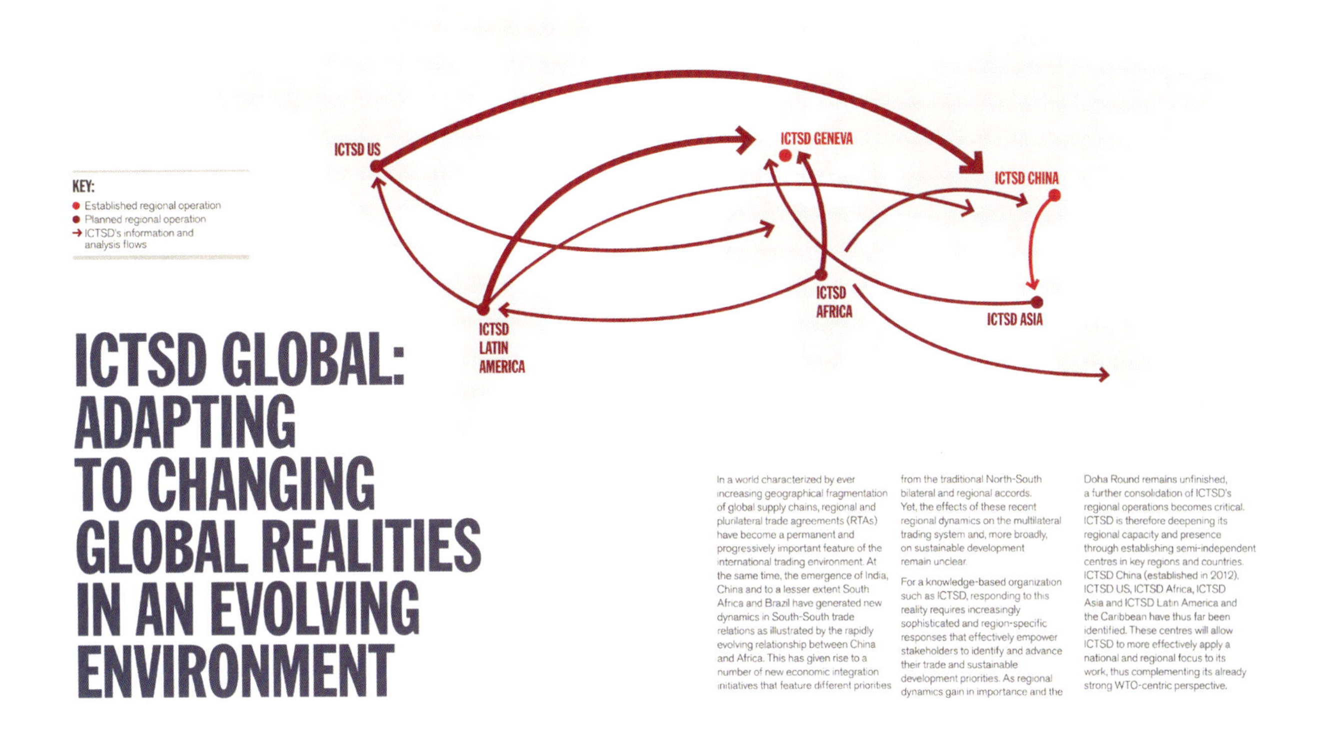

KEY:
- Established regional operation
- Planned regional operation
- ICTSD's information and analysis flows

ICTSD GLOBAL: ADAPTING TO CHANGING GLOBAL REALITIES IN AN EVOLVING ENVIRONMENT

In a world characterized by ever increasing geographical fragmentation of global supply chains, regional and plurilateral trade agreements (RTAs) have become a permanent and progressively important feature of the international trading environment. At the same time, the emergence of India, China and to a lesser extent South Africa and Brazil have generated new dynamics in South-South trade relations as illustrated by the rapidly evolving relationship between China and Africa. This has given rise to a number of new economic integration initiatives that feature different priorities from the traditional North-South bilateral and regional accords. Yet, the effects of these recent regional dynamics on the multilateral trading system and, more broadly, on sustainable development remain unclear.

For a knowledge-based organization such as ICTSD, responding to this reality requires increasingly sophisticated and region-specific responses that effectively empower stakeholders to identify and advance their trade and sustainable development priorities. As regional dynamics gain in importance and the Doha Round remains unfinished, a further consolidation of ICTSD's regional operations becomes critical. ICTSD is therefore deepening its regional capacity and presence through establishing semi-independent centres in key regions and countries. ICTSD China (established in 2012), ICTSD US, ICTSD Africa, ICTSD Asia and ICTSD Latin America and the Caribbean have thus far been identified. These centres will allow ICTSD to more effectively apply a national and regional focus to its work, thus complementing its already strong WTO-centric perspective.

图 3-61

图 3-62

三、网格的理性设计程序

首先在开本上确定版心和页边距，大致估计需要确定分栏的数目，再估算出分割栏的高度。将文字套入版心，通过调整字体大小和行间距使得文本与网格相配起来，对加入文字后的网格大致估算出的栏高进行调整。在大多数练习中，网格区域不是太高就是太低，我们可以检查一下文本栏高度是否和网格的高度相一致，以使得横向间隔与一“行”文本有着相同的高度。这里的“行”指的不是单纯字均行，而是字本身大小加上行间距。在网格的页面中都是由这些行间距的调整，使不同字体大小的阅读基线统一起来。在实际情况下也还是允许有一些误差的。最后，将其余的图片、文本等页面元素放入版面，脱格完成。以前设计师可能还需要计算才能得出精确的数据来维持网格的完整，如今在电脑技术的帮助下，我们只需要做一些细节的微调就能达到令人较为满意的效果。

总而言之，网格是游走于科学的可读性和情感的可读性之间的理性审美感受，我们对于网格系统的设计和应用不能简单地认识和看待。在用网格进行排版时很难一次就做到很完美，所以需要不断地去尝试和完善网格。

课程训练——视觉构成形态的排列

练习目的：用抽象的点、线、面思维进行版式构成形式的表达，提高学生对点、线、面组合关系的认识以及文字线化形态的敏感度。

练习 1. 数字排列构成

练习要求：使用学号数字或姓名作为版式元素，其中数字能起到类似图形的视觉效果，同时增强版式的设计构成感。

作业展示：图 3-63—图 3-74。

指导老师：邓 瑛。

练习 2. 文字线性构成

练习内容：对文字进行线性排列构成练习。

要求：使用不超过 3 种字体、字号，视觉形式感强，必须突出标题的醒目度和识别度。

作业展示：图 3-75、图 3-76 。

指导老师：邓 瑛。

图3-63 学生：陈浩 17 号

图3-64 学生：陈浩 17 号

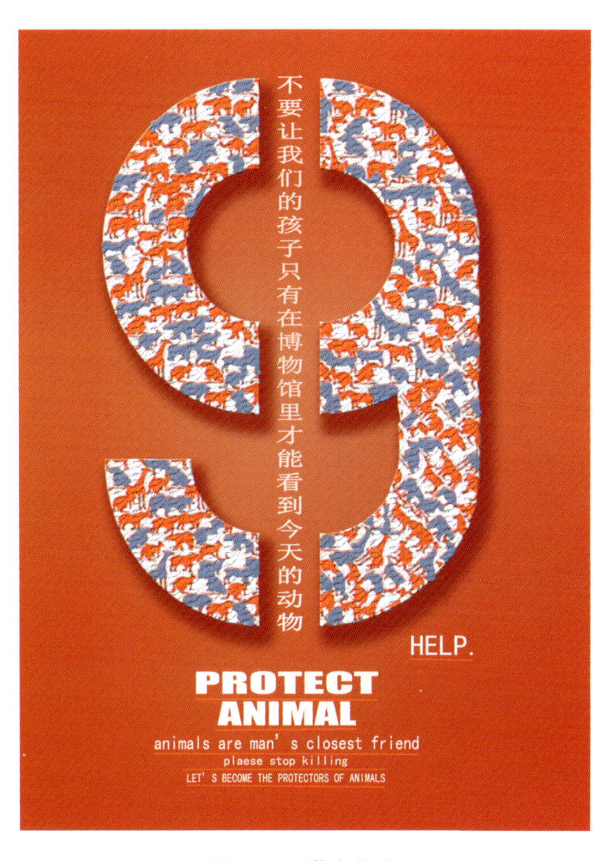

图 3-65 学生作业

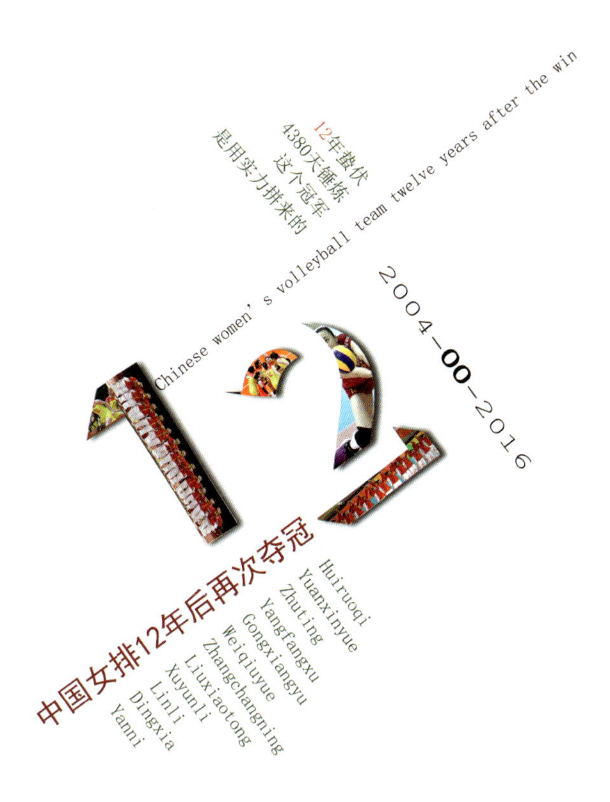

图 3-66 学生作业

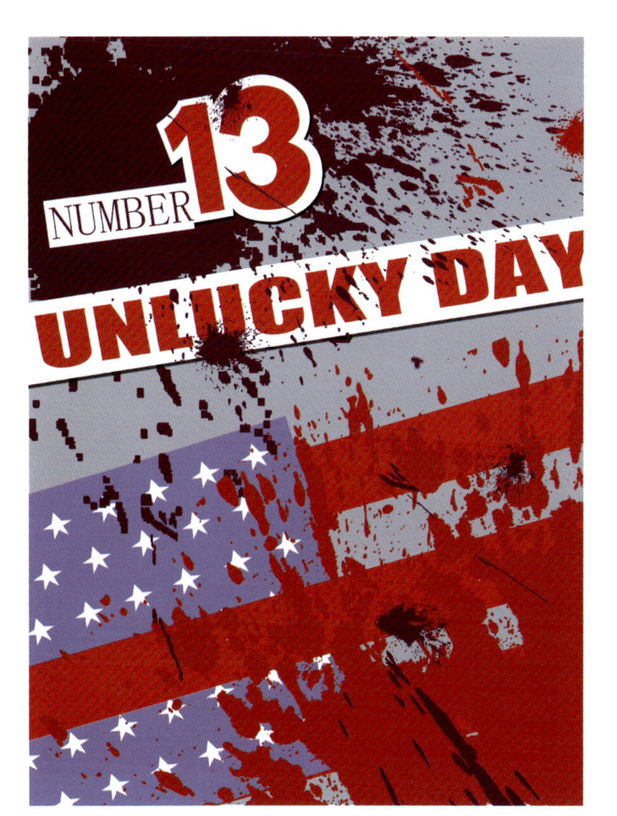

图 3-67 学生作业

图 3-68 学生作业

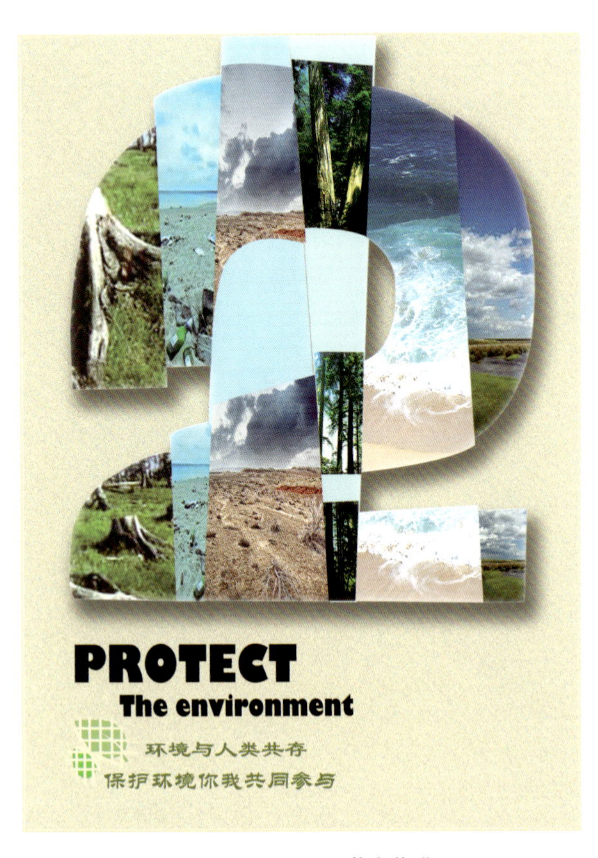

图 3-69　学生作业

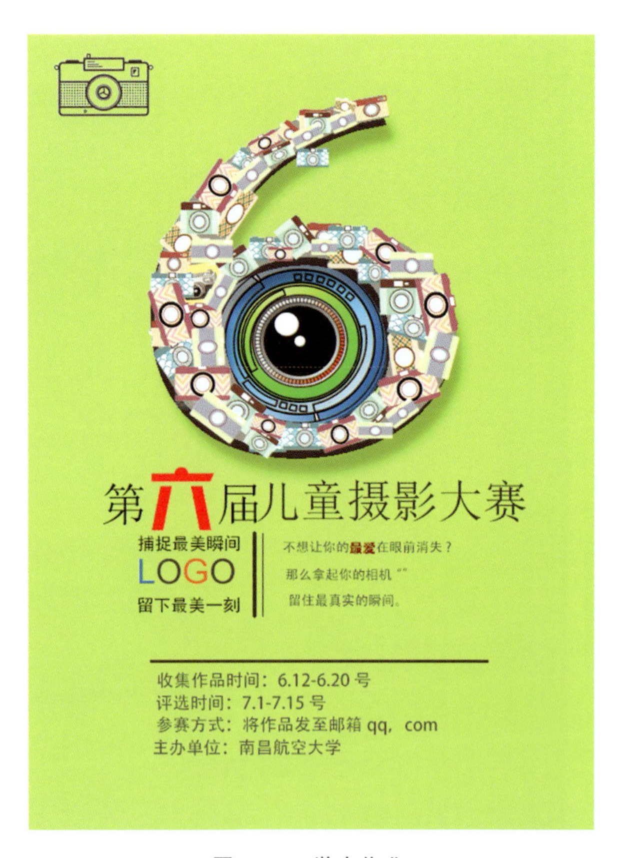

图 3-70　学生作业

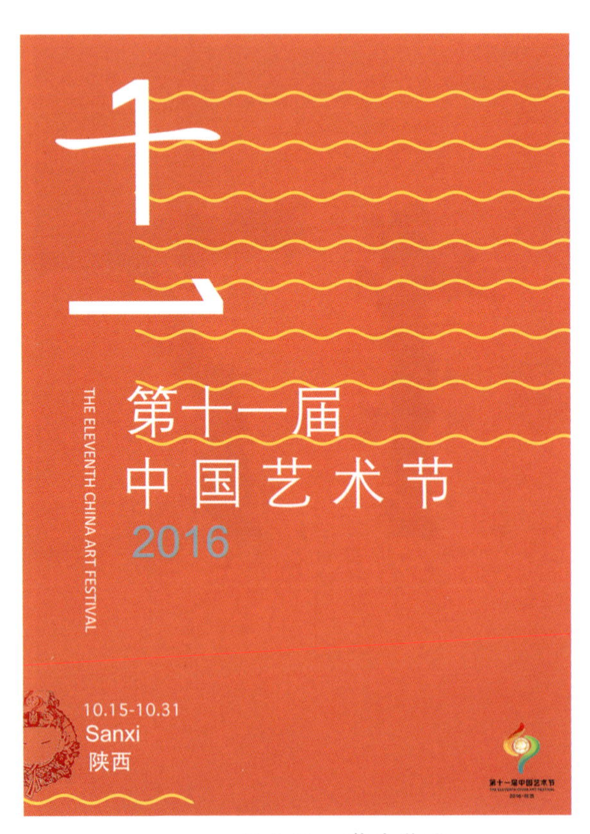

图 3-71　学生作业

图 3-72　学生作业

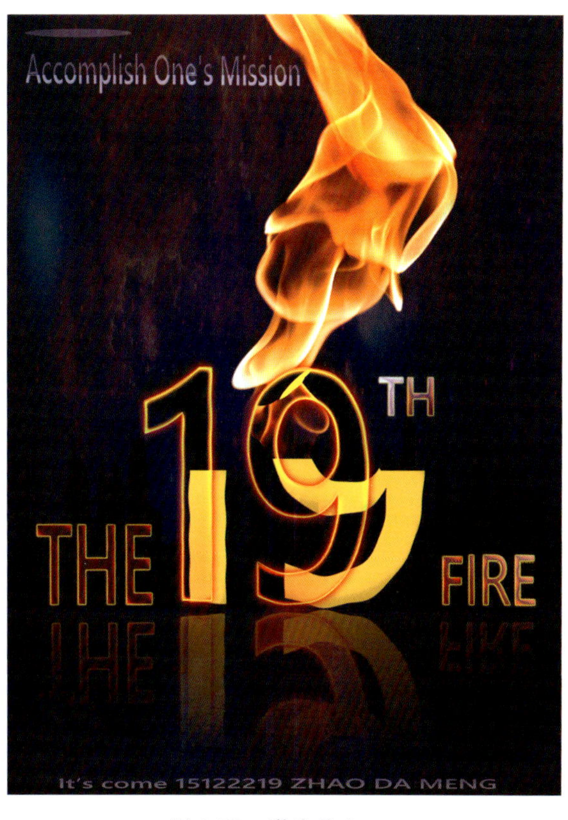

图 3-73 学生作业

图 3-74 学生作业

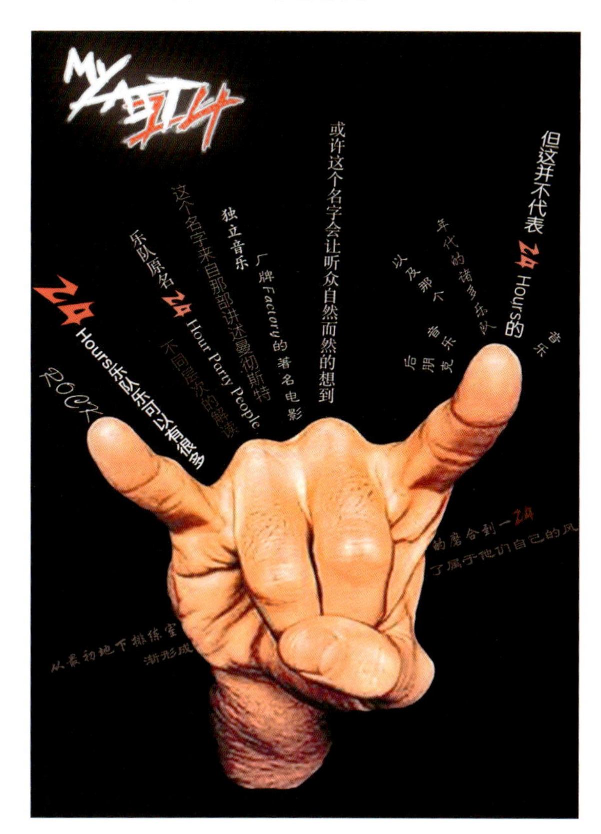

图 3-75 学生作业

图 3-76 学生作业

第四章

版式设计中的视觉三要素

授课目标：在对版式视觉美的认识理解基础上，开启学生利用图片、文字、色调三个视觉要素对版式空间进行形式美的表现。

教学重点：视觉三要素在版式设计中的构建。

教学难点：视觉三要素在版式设计中的综合应用。

作业要求：

(1) 设计实践：组织图片、文字内容按照限定要求完成排版练习 10—20 幅，形式内容统一，训练学生强化凸显版式视觉美的设计意识。

(2) 记录体验：分析和解读色调的组织关系在不同主题氛围中的功能。

第一节 ⊙ 图形的张力

版式中图形的张力主要体现在图形表现风格、图形表现形态、图形造型位置上。阿恩海姆教授对于视知觉的一系列研究，其根本都是建立在"张力"的理论之上。既然一个视觉式样中存在着各种各样的张力，那么在一个版式中也必然如此。尽管版式不能像电影或者动画那样通过直观的视觉运动，但是可以借助视觉构成元素通过各种各样的风格、手段来表达运动。版式运动最为突出地反映在图形视觉式样的不平衡上。不平衡导致整个版式具有矛盾性、特殊性、方向性的视觉张力，形成视觉焦点，于是静态的版式产生了张力美。

一、图形风格的多元表现

在艺术发展的历史中，图形造型观念的变迁直接带来艺术表现风格的变化。所以，在静态的版式上要体现"力"的运动，图形作为版式中的实体视觉元素，其风格表现手法的多元性在版式中尤为突出。因为冲突对比能够打破受众视知觉心理的平衡感，强调审美理念的多元图形表现风格能够更好地激发受众对美的识读意识。

按照不同的图形造型理念，我们把版式中出现的千变万化的图形大致分为以下几种表现风格：写实风格、平面装饰风格和抽象几何风格(图 4-1—图 4-9)。其中，写实风格常吸取绘画艺术

图 4-1

的多种表现形式，如速写、木刻、水彩画、超写实绘画、漫画卡通等。通常，在版式中我们可以通过表现风格的鲜明对比形成视觉上的反差。比如，利用影像素材与绘制工艺技法相混合使得画面出现两种不同表现风格的并置，形成强烈的视觉跨越，给人以新鲜刺激的视觉感受。

图 4-2

图 4-3

图 4-4

图 4-5

图 4-6

图 4-7

图 4-8

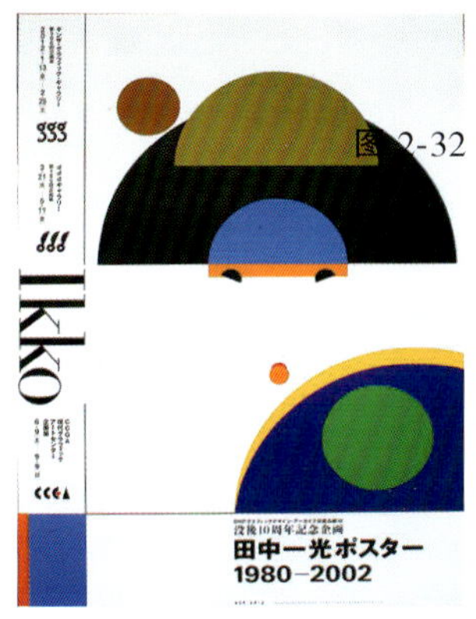

图 4-9

二、图形设计的表现手法

一幅用写实风格表现的广告版式往往会通过图形写实的手法把产品表现得十分完美，如食品广告就会把各种食品表现得新鲜诱人，以此诱发人们的购买欲望。这虽然不失为一种通俗的大众语言，但在快速发展、竞争激烈的商业市场中却显得较为平庸。版式的“视觉张力”还需要的是突破视觉习惯的平衡，打破常规，形成特殊的亮点，创造出从未见过、能激发智慧和情感的图形形态。因此，除了运用我们上面介绍的写实风格、装饰风格、几何风格外，还要不断设计新的图形形态，丰富图形的视觉语言。这里我们介绍一些现代版式中常使用的图形设计手法，通过学习这些方法再结合一定的表现风格，以点代面，打破常规，重塑形态、重塑色彩、重塑质感，让新颖的图形为版面形式感增色，在传递信息的同时可以带给人们前所未有的视觉美享受。

1. 同构

根据视知觉心理的张力原理，外在物理的力和内在心理在形式结构上的“同形同构”或“异形同构”会对视觉心理产生冲击。这两种结构之间质料虽然不同，但它们本质上都是力的结构。主要表现在以下几个方面：

（1）形式同构。图 4-10 大标题文字的编排与人像形式在结构上相似，把不合理的现象合乎逻辑地连接起来，使人把自然事物和艺术形式之间的含义在心理上连接起来，所产生的效果出奇制胜，比其中任一个单独的形态更具有视觉冲击力。形式同构在设计时偏重于视觉形态上的联想。

（2）含义同构。图 4-11 海报中对电影故事的情节“邪恶之殇”的含义引发联想，通过一个或多个与之相关的事物属性加以空间处理、场景烘托，把所要表达的主题或情节的特征用同构视觉形象表现出来。含义同构在设计时偏重于对主题的联想。

（3）元素置换。图 4-12 是电影活动周推广海报，中间图形原有的某个结构部分被另一个在意义上有联系的新物质形态做了替换，视觉上保持了图形结构的相似性和完整性，并产生了新的视觉趣味和象征意义。设计时置换的局部一定是视觉趣味中心的突出反映，不能生搬硬套，改变整体结构。

（4）异质同构。图 4-13 为了克服视觉上的麻木，用符号来取代原有组织结构中的一部分，结构关系不变，面貌却焕然一新，使我们与以往的经验发生

图 4-10

图 4-11

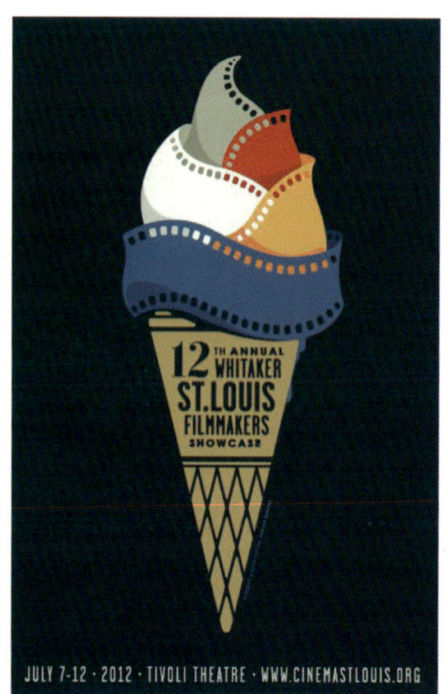

图 4-12

图 4-13

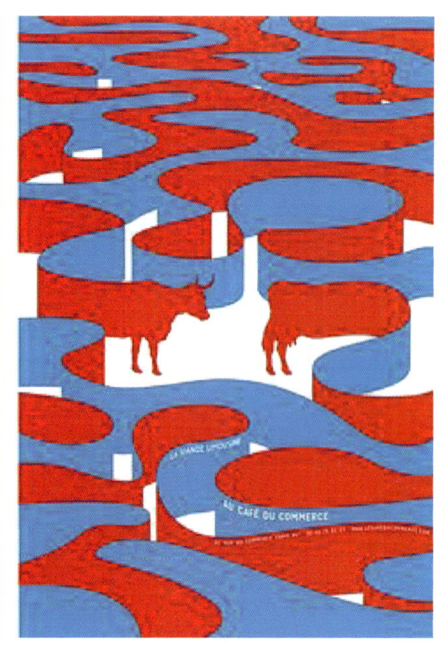

图 4-14

矛盾，这种矛盾产生加强了趣味性，我们的视觉将更加关注这一变化，并留下一定的理解空间。

2. 矛盾

图 4-14 题材在内容上、心理上与人的直觉和日常经验相违背。荒唐与真实、有限与无限的对比，往往会使版式产生视觉的尖锐化冲突，从而形成新的视觉趣味。

3. 变异

图 4-15 通过改变规律创造出了新形态。变异是在保持形象基本结构不变的情况下，改变布局形象的结构、大小、方向、形状、质感、色彩等一些要素。

4. 破坏

在版式中如果视觉元素过于完整，那么在静止完好的状态下往往被人忽略。因此，破坏有时也是一种"力"的创造，完整的形体有意识地被加以破坏，对事物的注意力则会因常态的消失而受到冲击。缺减、损坏、解构的方式在版式设计中尤为常见。观者在这种图形信息传播过程中，会产生视觉上的紧张和冲突感。图 4-16 是部分局部形态的缺减、截取、剪切或解构，版式显得尤其生动。

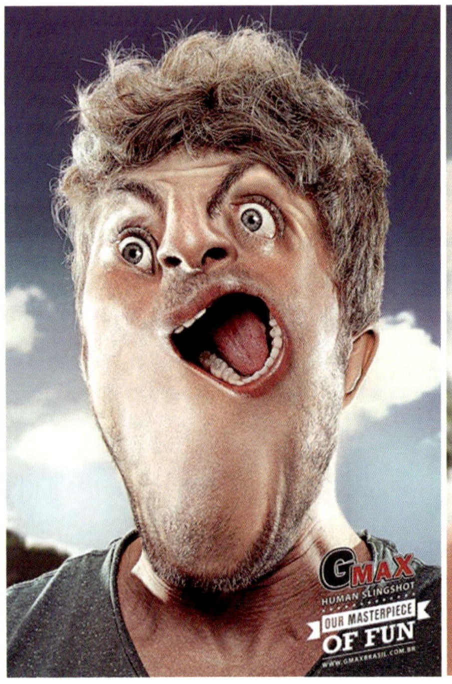

图 4-15

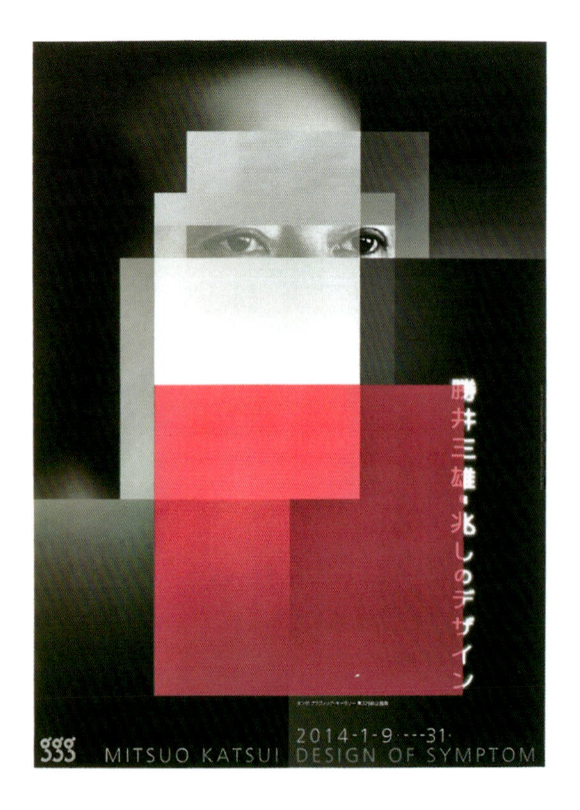

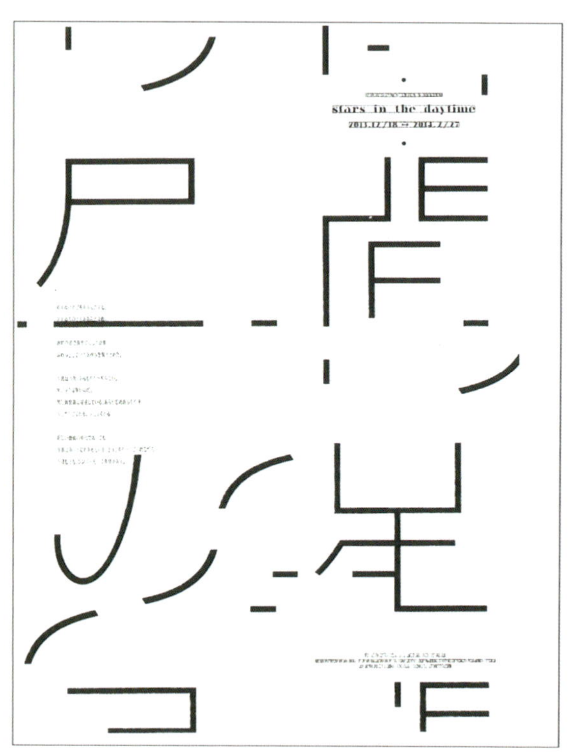

图 4-16

三、图形造型的重心位置变化

图形造型的特定位置改变会影响力的方向，力产生的方向也会引发重力的偏移，如果我们把一件作品中的图形左右或上下颠倒，原来的平衡就有可能被打破。重力在画面中的表现是具有规律性的，体积愈大，其重力就愈大；愈是远离平衡中心，其重力就愈大；明亮的图形比灰暗的图形重力大；白色图形比黑色图形重力大；图形体积愈大，重力愈大。孤立独处也能产生力量，在空旷的位置即使放上一个较小的图形造型，也会具有比其本身更大的张力。形状和方向也会影响重力，规则的图形比不规则的图形重力大。特定的造型会影响力的方向，进而会引发重力的偏移，如人物的站姿、手势、视线。在胳膊的形态中，力朝手的方向移动；而在树枝的形状中，力向枝头的方向移动；人的视线也能显现具有明确方向的力；一个物体会因为另一个物体的存在而引发运动感，形成具有特定方向的力（图 4-17）。对图形重心位置的视觉张力效应了如指掌，就解决了编排工作一半的问题。

图 4-17

第二节 ⊙ 文字的样式

文字作为版式中另一类视觉要素，我们要重视其在版式作品中不可或缺的功用。文字的样式特指的是文字形象及字群组织关系上所产生的多元审美感受。其中，文字形象是构建版式氛围的基石，文字群组织关系是构建版式氛围的修辞，它们相辅相成，在传达一定信息的同时构建起版式给人的最初视觉印象。在我们仔细阅读文字内容之前，就能从版面的文字样式美中获得情感信息。

从文字的内容来看，中国汉字毫无疑问是我们在版式设计中遇到的主要文字，而从国际化的角度而言，拉丁文字(如英文)也是我们必须要掌握的文字。从文字的结构来看，中文汉字是以每一个独立的方块字作为基本单位，呈现相对比较平稳的外部结构形态，内部构造却很复杂。西方的拉丁字却有所不同，大小写字母在形态上的差异有粗细、高度、重力方向的差异，呈现出富有节奏韵律的特征(图 4-18)。从文字的特征来看，中文汉字自古以来就可以象形会意，有形又有意，而拉丁文字是音形会意，音意同构，变形的自由度非常高(图 4-19)。在版式中使用文字有很多乐趣，正确发挥文字形象及字群的组织功能是非常重要的。

版式设计 Typography
米责多圆 TYPO
对称结构 上下结构 独立结构 包围结构
OCDGQ 圆形结构
HANMTUVWZ 对称结构
BLPRS 不对称结构
KIJ 独立结构

图 4-18

图 4-19

一、文字形象的特征及在版式中的运用

文字形象是字形作用在人们头脑中所产生的综合印象反映。在社会生活中，个人有个人的形象，组织有组织的形象，国家有国家的形象。个人形象是一个人的样貌着装、内在修养、品德素质获得他人评价的外在反映，文字形象则是通过字形形态、字形气质来获得受众认可的印象反映。俗话说“出席什么场合，穿对什么服装”，文字形象会影响受众对版式产生直观的视觉反应，比如把一些版式的专属字体换掉以后，会使人察觉到一些不一样的地方，这种潜意识的感受正是不同字体风格传递给受众的直观感受所造成的。因此在给一个版式选择或者设计字体的时候，除了需要考虑其易读性，一定也需要考虑这款字体是否能准确地传递给受众版式的独特氛围。另外，受众还会对某种字体的内在韵律产生情感。当代版式作品中有相当数量的设计师用纯粹的文字形象构成版式来传达如快乐、悲伤、紧张、舒缓、严肃、诙谐等情感信息。由此可见，烘托版式氛围离不开对文字形象的设计，挑选一款什么样的文字形象和信息传播成功与否有着直接的关系。

（一）构建版式氛围的文字形态特征

版式中的文字形态特征分为手写字体、印刷字体、设计字体、创意字体特征。

1. 手写字体的特征

手写字体样式给人生动活泼、洒脱随意的视觉感受，因为其书写工具是毛笔或钢笔，所以书写出来的笔画自由，没有固定格式的拘束，画笔奔放，强调抑扬顿挫，情感性非常强烈，经常作为广告字体的标题、广告口号、正文、形象文字被使用，是画面的点睛之笔。中文手写字体的演进与书法一脉相承，包括草书、隶书、行书等。根据书写工具不同可分为硬笔字、软笔字、麦克笔字等(图 4-20、图 4-21)。

图 4-20

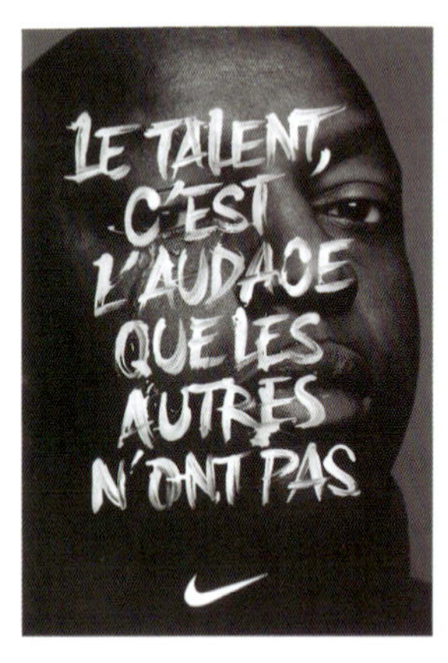

图 4-21

2. 印刷字体的特征

印刷字体是专业用于排版印刷的规范化文字形态。每种基本字形都有其自身独特形态和性格特点，在笔画的划分上首先形成了衬线与无衬线的对比差异。这种差异首先体现在文字结构笔画开始和结束的地方有无额外的衬线装饰，不同的衬线体装饰细节也是有差别的。有些印刷字体的衬线较为锋利，连接字干的部分保留了不同程度的字弧。无衬线体是从衬线体的装饰性中逐渐解脱出来的。以英文为例，大写字母连接衬线和字干的字弧被全部去除，小写字母中的衬线变得非常圆滑。中文的衬线体以宋体为代表，无衬线体以黑体为代表(图 4-22、图 4-23)。

A 宋

A 黑

图 4-22

图 4-23

中文印刷字体经历了甲骨文、大篆、小篆、隶书、楷书(行书、草书)诸种书体的变化，形成了稳定的汉字系统。现代使用的印刷字体基本是由以上几种字体演变和创造而来的，大致分为宋体、黑体、楷体、幼圆体及其相似形态的相关字体家族(图 4-24)。英文经典印刷字体在各个时期都有十分经典的字体，比如加拉蒙体(Garamond)、卡尔森体(Caslon)、时代体(Times)、海维提卡(Helvetica)、通用体(Univers)(图 4-25)。这些印刷字体都经过人们反复推敲和历史长期的考验，一直沿用至今。以海维提卡体(Helvetica)为例，在 20 世纪 50 年代就被认为是时尚新颖的无衬线字体，福布斯榜上的名牌企业选用这个字体较多并跨越了各种行业——丰田、宝马、通用汽车、美国服饰，其通用性

仿宋体　报宋体
粗宋体　小标宋体

雅黑　美黑　细黑
粗黑　大黑　细等线体

图 4-24

GARAMOND
CASLON
TIMES NEW ROMAN
HELVETIA
UNIVERS
TYPE 常规
TYPE 粗体
TYPE 粗斜体
TYPE 超细斜体

图 4-25

和普适性使其备受喜爱。围绕每个基本字体都会衍生出和它有相似基因的字体家族，类似长得相似的兄弟姐妹，但仔细观察会发现笔画的宽度、尾部的形状、角度都有着显著的区别，比如，与英文海维提卡体（Helvetica）相似的字体还有苹果体（Myriad）、微软体（Segoe）、谷歌体（Open Sans）等，与中文宋体相似的字体还有粗宋、大标宋等。

3. 设计字体的特征

设计字体的特征是对印刷文字形态结构、笔画规则书写方式的重新设计演绎，是在既定印刷字体基础上的形式再创造。仅仅使用电脑软件的某些特效或者一些纹样填充的字体制作行为，不能被认同为真正意义上的设计字体。设计字体的创造表现是一个庞大的"工程"，在设计中要严格强调阅读性和整体性。除了考虑单个字体的识别度和设计美感外，还需要考虑运用在段落文本时字体的功能性和设计感，不仅在识别性上有高要求，还需要平衡字体成行成片出现时的黑白分布是否均匀。汉字成千上万，个个不同，而西方使用的拉丁字母，大写加小写再加数字标点符号就一百多个，在数量上和汉字差距很大。因此，对于只有 26 个字母的拉丁文字字体的创造问题可能会少得多，而对于开发一套中文汉字结构，在组织上以及视觉节奏的追求上具有更大的难度。设计字体经常是以一套基础字体笔画规则的样式出现的。重要文字内容的式样经常在常规印刷文字字库外，会有专门准备的设计字体。设计字体相对于常规印刷字体有几个非常明显的优势，首先，设计字体专为重要内容量身打造，能最贴切地展现版式主题形象。其次，专设字体独一无二，更能体现版式的独创性和整体风格定位。特别值得注意的是版式中重要的文字内容往往都要比次要信息内容的文字更有设计感。比如，书籍封面的书名文字都要经过设计，目的是让受众感受到书籍内容的基调；中国白酒文化题材的包装版式上的品牌字体几乎无一例外地选择传统书法手写字体作为品牌字体，而产品说明文字都是用常规印刷字体字库，根本原因是书法字体自身历史性、文化性的形象特征，便能轻易地让受众感受到包装品牌形象基调。

4. 创意字体的特征

创意字体是强调识别性、传播性、艺术性和独特性的文字形态的创造，其主要目的是产生新颖的视觉效果，便于受众对设计者的版式主题的认识、理解与记忆，这类字体在表现时更多地要考虑字体是否能够准确传递文字的意义以及自身的创新性。

创意字体显著的特征可以分为以下三点：一是对笔触和文字特点进行借代，即在基本字形之上将其他事物的特性融入字形中。有时可以洋为中用，中文创意字体可以从字库里面的英文字体的笔触和特点入手加以借鉴运用，重新演绎（图 4-26）。二是对字体的结构改变较大，横竖笔画变形程度较为夸张。比如在一些电子商务版式中经常能看到一些创意大标题字体样式：把横笔

图 4-26

图 4-27

画变细，竖笔画加粗形成对比(图 4-27)，或是所有字体横和竖变细(图 4-28)，或把字体中的一个点或一根线作为重点进行拉长，或把横中间拉成圆弧，角也用圆处理，或把一些封合包围的字适当断开一口出来，把偏旁部首去一截，或是将文字的笔画互相重叠，产生立体阴影感，或是寻找笔画之间的内在联系，找到它们可以共同利用的条件，将其提取出来合并为一，或是将熟悉的文字和图形打散后，通过不同的角度审视并重新组合处理（图 4-29、图 4-30）。三是笔画的图形化。这种特征能赋予版式更多的视觉吸引力，版式趣味性会增强，但阅读性降低(图 4-31)。这种形式多采用替换法，在统一形态的文字元素中加入另类不同的图形元素或文字元素。其本质是根据文字的内容意思，用某一形象替代字体的某个部分或某一笔画，这些形象或写实或夸张。将文字的局部替换，使文字的内涵外露，在形象和感官上都增加了一定的艺术感染力。还有

图 4-28

图 4-29

图 4-30

图 4-31

一种是字图参与法，依据字形的轮廓外形，把图放进去，按照图形路线制作字体(图 4-32)。创意字体特征涉及某一个以文字作为形象的标志、符号，或者是对于一组词语的形态研究与创造，或者是书籍、海报中的标题与广告语的形态。

（二）构建版式氛围的文字气质特征

1. 现代气质

现代气质字体多为无衬线体，这类字体除本身文字的笔画之外缺少装饰性的元素，风格较简约。图 4-33 的时尚中黑简是由时尚传媒集团自主设计的，可专门用于电视传播媒介中的平面推广字体，外观非常大气、时尚，用户可用于日常的使用。

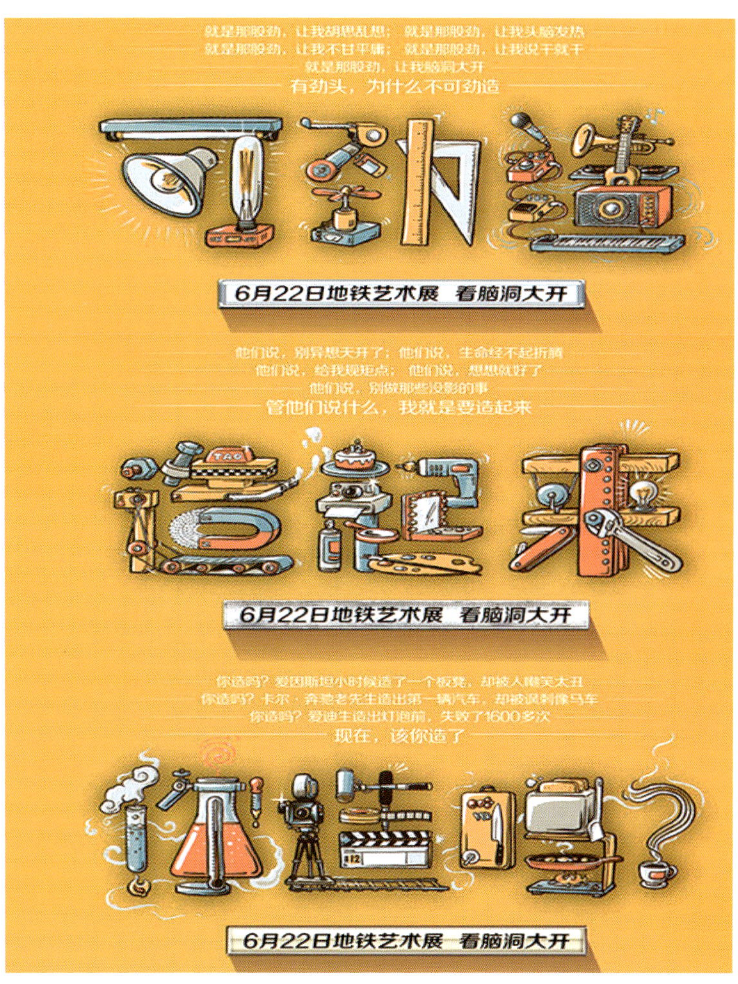

图 4-32

时尚中黑简体

图 4-33

2. 复古气质

复古气质的字体通常也会显得具有女性化风格。我们经常可以在化妆品、女性服饰品牌中看见，它们通常字体纤细、秀美，线条流畅，字形有粗细等细节变化，显得有韵律。因为衬线字体天生具有衬线这种可装饰性元素，因此很多女性化风格的字体会选用衬线字体，并以此为基础进行修改。比如卡地亚、Benefit 的衬线字体 logo 都具有较强的装饰性，字母的转角处线条柔和，更具流线形的字母 f 使 logo 显得更生动有趣，搭配留声机造型内部的连笔手写体，一股浓浓的复古风扑面而来（图 4-34）。

图 4-34

二、文字样式基本属性的设定

文字样式基本属性是指文字的字号、字距、行间距。处理好文字样式基本属性之间的细微差异对于版面的视觉美有着重要的意义。

文字字号指的是一个字的大小，比较通用的字号单位是磅(Pt)，一磅等于 0.35 毫米，我们经常看到的正文字体往往是 8~10 磅的，当字体小于 4 磅的时候，就会对我们肉眼的识别带来一些麻烦。用字号来区别内容主次可以在版面中处理好标题、正文与注释之间的层级整理关系。一般来说，出版物的页面设计中，标题往往会选择 12 磅以上的较大的字号，8~10 磅的正文字体也是被大多数设计师所认同的，而对于注释，6~8 磅的小字体也是一个不错的选择。

文字字距指的是同一行中文字之间的距离。在文字的编排中字距与行距的疏密安排对整个版面风格和阅读习惯有着很大的影响。一般情况下，宽松的字距与行距往往给人带来轻松的阅读感受，反之会带来紧张感。字符间距会影响一行或者一个段落文字的密度，产生紧张或轻松、高雅或热烈等不同心理感受。在一些 APP 页面片头标题文字中，字间距可以灵活调整。图 4-35 中标题字体“SALE”的文字字符间距非常紧密，文字基线也有调整，仿佛字母被有意靠近重叠，接踵而至的紧张场面展露无遗。

3. 科幻气质

科幻风格的字体风格普遍比较硬朗和锐利，通常有过渡比较直接的折角。电影《星际迷航》的海报上的字体就属于这种类型。实际上我们经常会在一些科幻电影的海报或者网站上见到这种类型的字体。

图 4-35

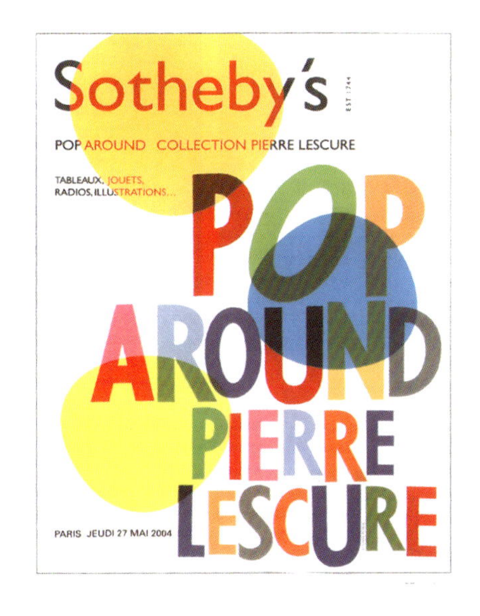

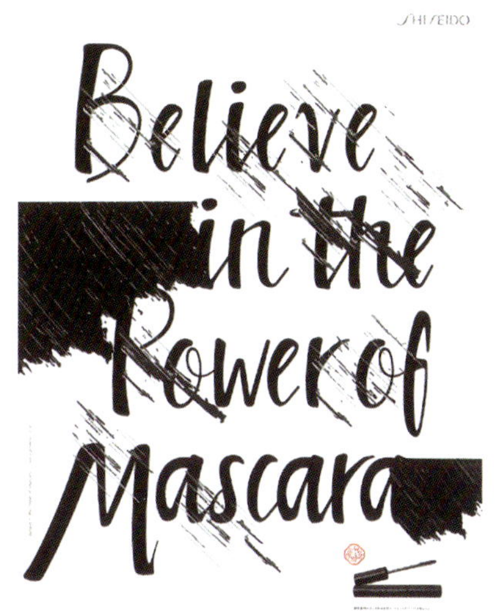

图 4-36

行距指的是行与行之间的距离。行距适当大于字距，若字距大于行距，往往会影响到正常的阅读。正文中良好的字距和行距的编排应该是读者在阅读过程中难以察觉到间隔偏差，通常会在文字的磅值上增加几磅来确定一个合适的行距。在广告中行与行之间的距离完全受字体样式的影响，要灵活应用（图 4-36）。

三、文字群视觉组织样式

在版式设计中，我们所说的文字群的视觉组织样式指的是文字群参照空间和图形经过组织所产生的视觉层级比重以及所处的不同位置关系。日本著名设计师原研哉针对平面设计师在文字信息表达方面的工作指出，如果对一个版面上的文字做一番研究，会发现由于获取信息的目的和方式不同，观看文字的方式可以基本分为三个层次的需求，即浏览—阅读—解读。浏览能在最短的时间内了解版面中的主要内容；阅读是逐字逐句地阅读版面中的文字，也叫细读；解读是一种对字面信息以外的情绪进行获取的方式。因此，文字群视觉组织的视觉层级比重也应该符合这三个层次的需求。

（一）文字群的视觉层级构成

文字群的视觉层级内容按受众获取信息的层次需求可以分为：(1) 标题字体部分——信息的强调渲染，是主要信息内容的浓缩、提炼，起到画龙点睛、先声夺人的作用，目的是为了吸引住快速浏览受众的眼球，以便进一步阅读（图 4-37）。(2) 正文字体部分——信息的整体烘托，一般作为正文内容的信息主体以丰富、完整、全面、详细

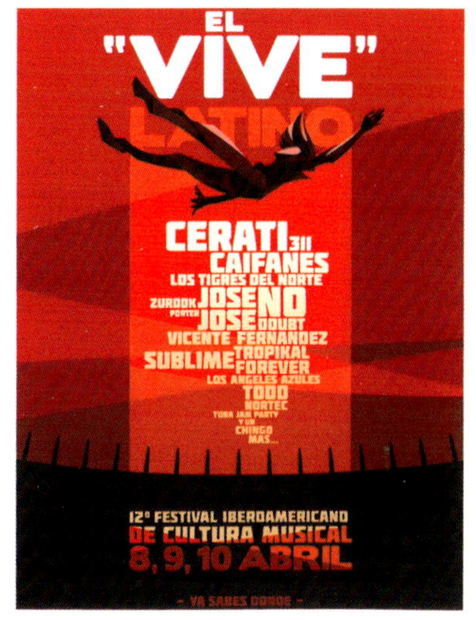

图 4-37

的方式展现给受众，起到让受众融入阅读环境的作用,目的是使内容更为清晰地被接受和理解。

（二）文字群视觉层级比重的调整方法

在版式中区别文字的跳跃率是调控文字群视觉层级比重与页面节奏的重要手段(图 4-38)。文字跳跃率指的是版面中字号最大的文字与字号最小的文字之间的比率。一般来说,字体元素如果大一点和颜色深一点,就说明其比较重要,因为大字号文字具有明显的提示作用，在版面上大的字容易被看见,通常用在需要突出的内容上。如果小一点和浅一点,就说明第二重要,常作为副标题处理

图 4-38

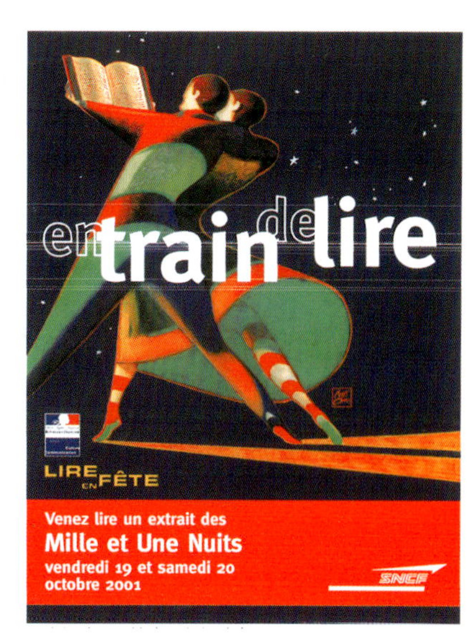

图 4-39

方式，这样一般不会抢过正标题。字号一样的文字，没有明显的先后顺序，是同一个视觉等级。任何元素如果与大部分视觉系统相一致，就说明其不太重要；如果由于破坏了整个系统的衡常性而变化得更为突出，说明该部分信息比较重要（图 4-39）。最大的字体与最小的字体之间相差越大，文字的层次关系越明朗，跳跃感越强，高跳跃率版式给人以冲击力和活力。

（三）标题文字的常见组织样式

标题文字的组织样式着重体现在对文字群内部的结构进行穿插、叠加、合并、模糊、隐藏、填充、连笔、穿透、联合、减法、剖切、大小对比、特殊形状处理等组织技法的综合应用。在运用这些技巧的同时，还应该先行对标题文字的信息量进行主次分类合并，找出需强调的字或词，在大小、色彩、位置上做特殊的表现。如果面面俱到，反而让人难以识别（图 4-40、图 4-41）。

图 4-40 设计：卜启明

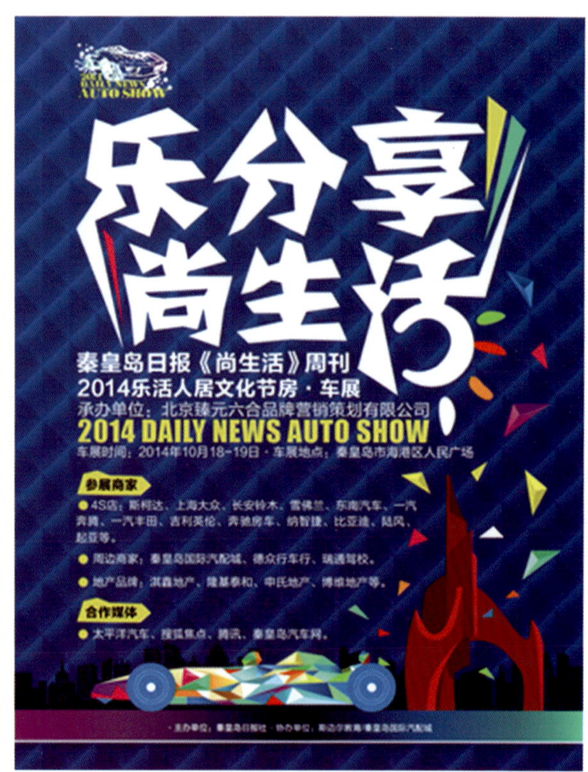

图 4-41

（四）正文文字的组织样式

1. 首文字强调样式

在正文的段落中对第一个文字或者字母进行颜色、形态强调或者下沉可以使读者明确该文本起始的地方。

2. 对齐样式

左右均齐　每行文字的两端都依照文本框左右边缘对齐的形式来排列正规出版物正文的内容，达到左右都整齐划一的效果，从而形成端正、严谨、严肃的视觉感受。这种对齐方式是我们经常在报纸、书籍等的标题、正文段落中运用到的。

左对齐与右对齐　文字以文本框左面的基线对齐，称为齐左。文字以右边基线为对齐的目标，称为齐右。

居中对齐　文字以中线为对齐的基线，这样方式排列的版面端庄而秀丽，对齐的方式有序而又灵活，是短小文字经常选用的对齐方式。

顶对齐与底对齐　文字以文本框顶部或底部的基线对齐，这样的方式排列的版面传统、复古。

当我们使用正文进行组织排列的时候，各种对齐样式可以综合使用，但必须要让版面保持统一。因为无原则的随意混排文字会使版面变得难以阅读，同时给人以低品质之感。

3. 适形样式

文字要在造型外依着造型外框边缘或内部进行排列，因造型的变化限制而改变字体形状或形成特别的样式，具有独特的效果(图 4-42)。

4. 仿形样式

依照特定的具象或抽象造型，用文字的聚集性群组来仿构排列，这种方式能够带给读者轻松、有趣味的情绪(图 4-43)。

综上所述，无论选择何种层次的阅读观看方式，文字式样的优劣都将直接关系到艺术设计作品的整体层次和视觉美感。在版面中善用字体，是设计的重中之重。这个“善用”包括对字体样式的审慎筛选、中英文字样式的合理搭配、文字群

The
3RD ANNUAL
AUGUST 30TH
SATURDAY 1-6 PM
SALIDA
WINEFEST
2014
$25
RIVERSIDE PARK
SALIDA, COLORADO
SalidaWinefest.com
ADVANCE TICKETS : SALIDAWINEFEST.COM

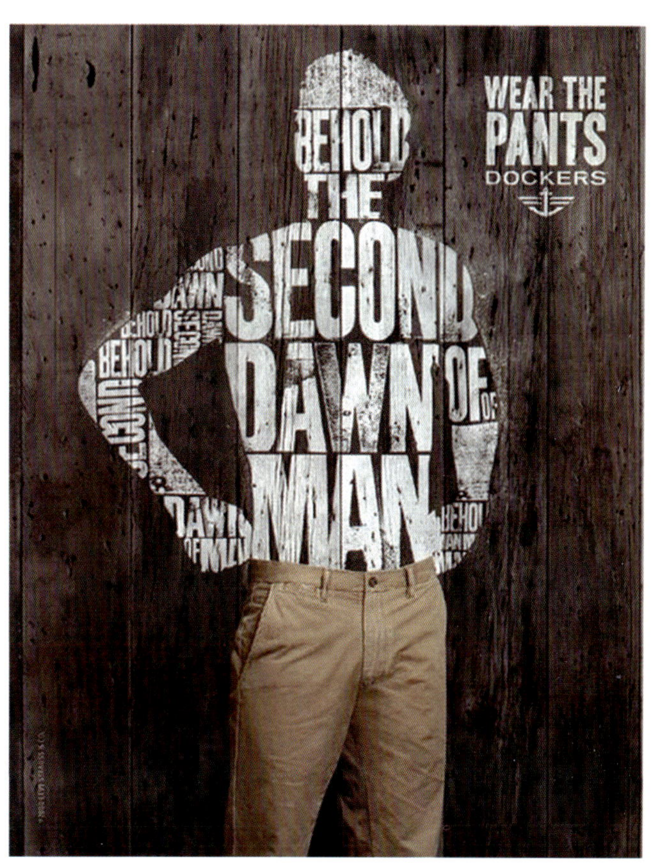
WEAR THE
PANTS
DOCKERS
BEHOLD THE SECOND DAWN OF MAN

图 4-42

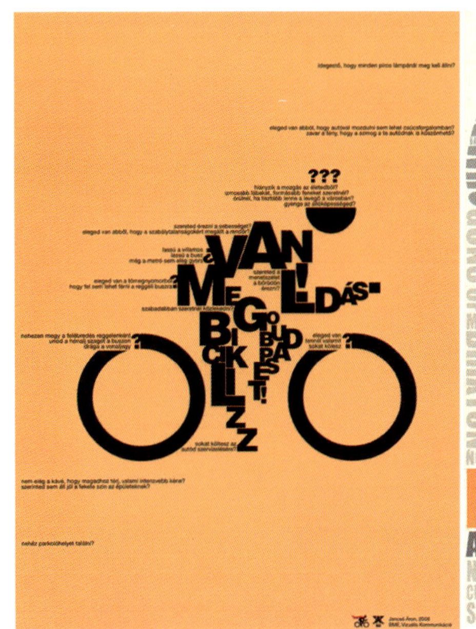
???

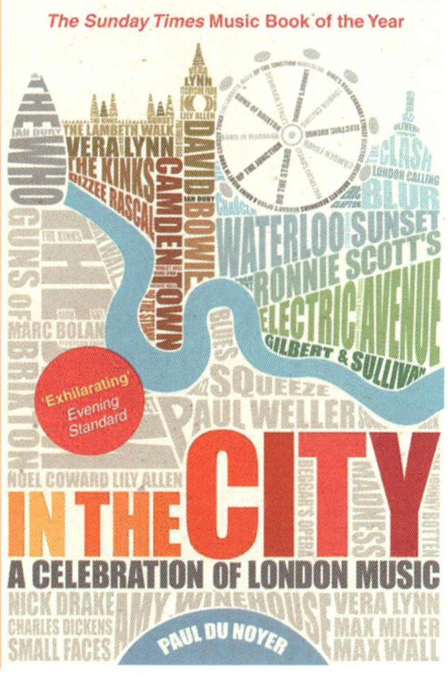
The Sunday Times Music Book of the Year
'Exhilarating'
Evening Standard
IN THE CITY
A CELEBRATION OF LONDON MUSIC
PAUL DU NOYER

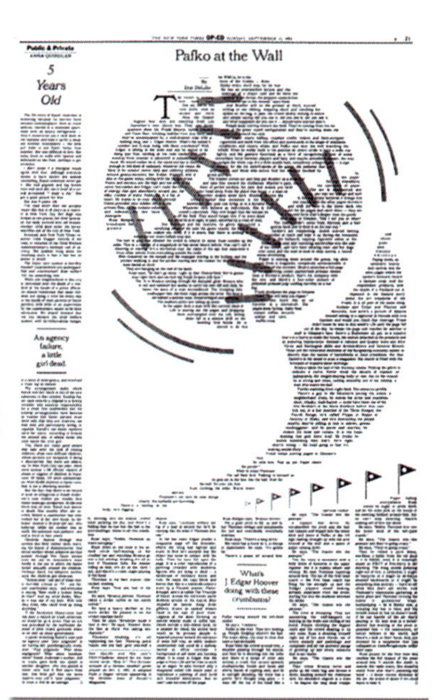
Pafko at the Wall

图 4-43

体的有效组合、字体与图形的有机配合及与主题的高度吻合等。用好文字样式对于设计师而言，是基础中的基础，又是难度中的难度。既要求通识常用的印刷文字库中的各种中英文造型，又要能够发挥主观创新的成分，既要保证文字样式设计的趣味性、视觉性、风格性，又要具备可辨识的功能性。

第三节 ⊙ 色调的情感

色调的感性美指的是色调的明度、纯度和色相及其多变的组合关系中所形成的一种可传递情感的审美感受。色调感性的审美感受是完美而含蓄的情绪语言，比如积极、消极、愉快、寂寥、神采奕奕、欣喜若狂等。我们对版式色调进行提炼取舍首先要遵循以下原则，从而自由发挥色调在版式中的感性作用：(1) 整体统一和准确恰当。在版式设计中不在于有多少丰富的色彩，关键在于用得是否统一和准确，这样即便是单色也能在版式中产生层次变化。(2) 人对色彩的知觉规律，比如冷色与暖色除了给我们温度上的不同感觉以外，还会带来其他的一些感受，暖色偏重，冷色偏轻；暖色有密度强的感觉，冷色有稀薄的感觉；冷色的透明感更强，暖色则透明感较弱；冷色有很远的感觉，暖色则有逼近感。(3) 阅读功能需求。

其次，色调的感性因素往往是由色调形态和色调层次决定的。因为人的视知觉通常是把相同颜色的形态归为一个完形层次，不同颜色意味着所处层次不同。如果对一个版式的色彩形态进行分区，可以把其划分为背景色、背景辅助色、主体

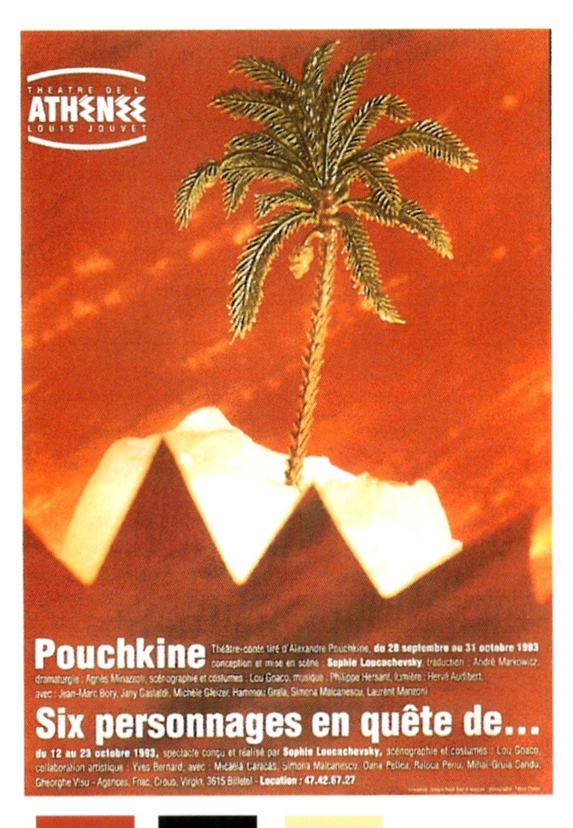

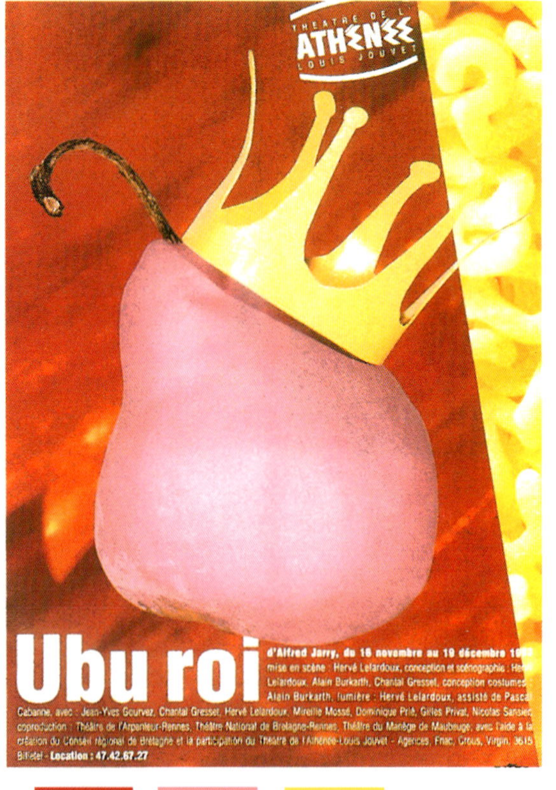

图 4-44

色和点缀色4个主要色彩形态。色彩形态的呼应能引申出不同形态之间的内在联系(图4-44)。所以，我们可以通过利用色彩层次来解决版式空间造型上变化单一的问题。

一、色调形态的动静之美

色调形态的动静之美取决于色彩属性所形成的低跳跃度和高跳跃度关系。

1. 高跳跃度的动感色调

一个版式的色彩表现要达到强烈的、跳跃高的动感效果，取决于设计主题对色彩纯度和明度的要求。不论纯度高低，若色相、明度反差相对较大，色彩的深浅起伏也较易引起观者的心理起伏(图4-45)。

2. 低跳跃度的静态色调

若色彩明度的差异相对较小，容易给人柔和平静、雅致等心理感受。纯度不高，明度弱对比，明度中对比关系相对协调、平和，跳跃性弱(图4-46)。

在背景色调一致的情况下，图形主体色调使用低纯度色彩，对比反差较弱，色调和谐、平和；图形主体色调使用高纯度色彩，对比较强，色调跳跃度明显，反差度大。有了色彩上的变化，就可以控制图形或文字所传递的信息，连同变化的还有形象的辨识度(图4-47)。

二、色调层次的协调之美

色调层次的协调之美取决于色彩层次的变化，即色相对比、明度对比、纯度对比同时运用于同一个版式中，三者间的协调关系可以使版式空间层次变得更为丰富。若色相对比过于突出，而产生混乱的局面时，我们可以用明度关系分理出深与浅的层次，或是改变纯度，调理出暗与亮、清与浊等层次关系(图4-48)。

除了明度上的变化产生层次外，我们知道，当一种颜色混合入另一种颜色，其纯度就降低，同时具有了往另一色变异的倾向。这种倾向的多与少，也体现了不同的层次。纯度的变化会引起明显的色相变化，层次感更显丰富。即使在图形形象很单纯、文字量又很少的情况下，即使是一种色相，它在明度、纯度上的变化，同样能产生较多层次。在商业版式中有了安静的色彩作陪衬，活跃的颜色才更显活跃(图4-49)。相反，柔和、雅致的色彩搭配，掺入一些活跃的颜色，既增加了色调的变化，又丰富了设计的情感层次，柔和的部分会更显柔和。有很多编排设计虽只用了一个

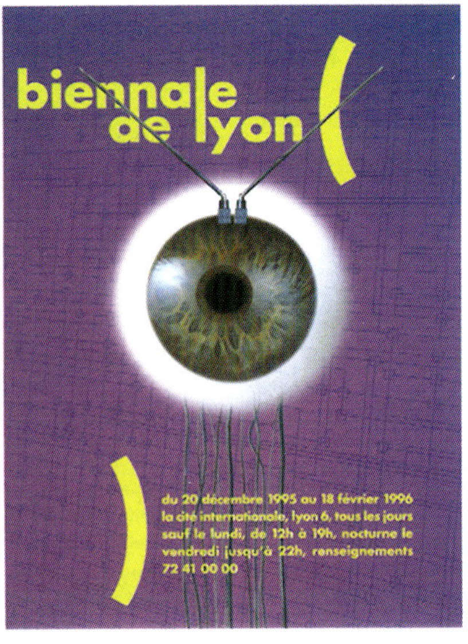

图4-45

图 4-46

19è FESTIVAL DE JAZZ
COSTA BRAVA
A FILM ABOUT KIDS AND MUSIC
NICHOLAS PAYTON XXX
JAZZ TIC
RAY GELATO AND THE GIANTS
CHUPACONCHA
COMBOS DE JAZZ
SUSANA SHEIMAN & IGNASI TERRAZA TRIO
10-13 OCT. 2013 PALAFRUGELL
BARCELONA BIG BLUES BAND (B4) & MYRIAM SWANSON
TIC TAC JAZZ CLUB

TANIA
MARIA
WILLISAU
MÄRZ
20H MOHREN

图 4-47

专色，却能通过不同明度、纯度的变化，编排出丰富的深浅层次，并且体现出优雅、锐利、细致、粗犷等各种情感内涵。值得注意的是色调层次往往是和版式视觉形态的组织层次联系在一起的。如果色调层次发生变化，它们外观上的空间关系也会随之改变。

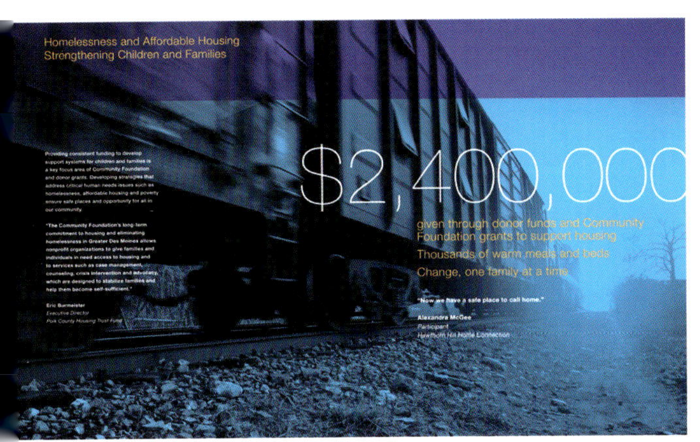

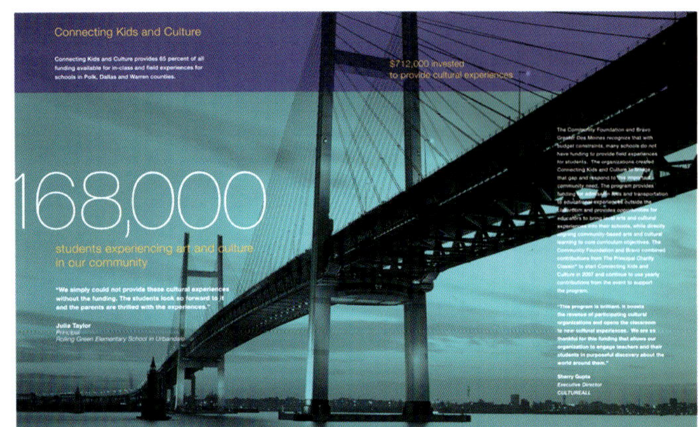

图 4-48

图 4-49

教学分享——《姓名设计》

练习目的：以了解文字形态的样式为基础，通过改变字体笔画特征、字体结构等方法进行版式文字样式设计。

练习要求：请每位同学根据自己的性格特征设计自己的名字，体现个人特色。

作业展示：图 4-50。

指导老师：邓　瑛。

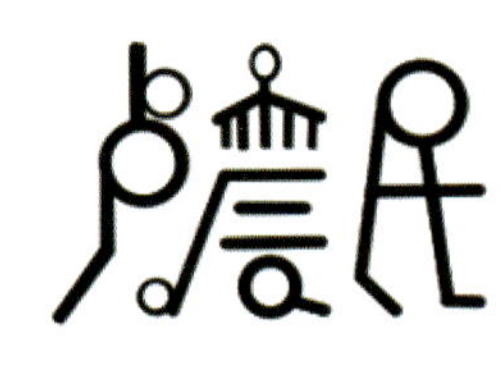

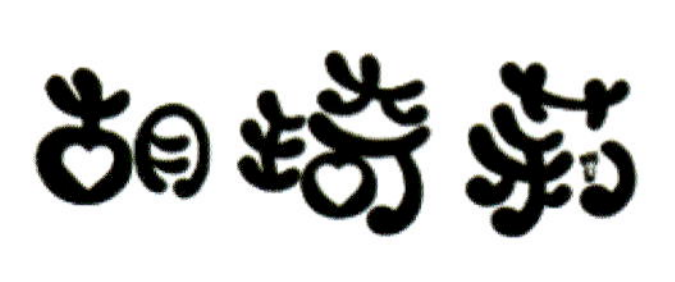

图 4-50

第五章

版式设计的视觉传播媒介

授课目标：了解不同功能的视觉传播媒介版式该如何设计。

教学重点：广告版式和书籍封面、宣传册版式设计。

教学难点：理解不同功能版式空间构成的特殊性与其设计要求。

作业要求：

(1) 记录体验：市场调研，针对每种不同功能的视觉传播媒介版式，从视觉美的角度和版式空间构建的角度分析其优劣利弊。

(2) 设计实践：在场合意识下完成3种以上不同功能的版式作品设计，形式和内容统一。

第一节 ⦿ 招贴广告的版式设计

招贴，属于户外张贴类广告，分布在各街道、影剧院、商业闹区、车站等公共场所，被国外称为“瞬间”的街头艺术。招贴具有版面大、艺术表现力丰富、传播途径广、张贴时间长、可连续张贴的特点，具有重复宣传的功效。

一、招贴的主题内容

招贴常见的内容有以公众所关注的社会、公德等问题为目的的公益性招贴，如禁烟、禁毒、盗版、关爱老人等；还有作为国家党政机关向人民宣传其政策，具有政治性目的的招贴，如一国两制、捍卫国家主权等；还有以启发教育性为目的的社会招贴，如计划生育、尊敬师长、交通安全、防火等；以文娱集合活动为主题的招贴，如电影、戏曲、音乐、运动会、展览等；各旅行社或航空公司以国际、国内的风景名胜为宣传目的的旅游形象招贴，强调地域性的特殊色彩，目的是吸引观众去欣赏或参加活动；以绘画、摄影和图形等作题材的文化艺术性招贴，目的是给人美的感受和美化环境，并无功能性的商业价值；为了传达商业信息，达到促销商品目的的商业招贴，可分为商业广告和企业形象广告。

二、招贴的设计特点

远视效果强和印刷精美是招贴设计最大的视觉特色。

招贴设计要使观者能从较远的距离快速接收版面所传达的信息，这要求版面具有强烈的视觉效果，使人们在行走时也能被吸引。因此，在版式设计上可以通过文字、图片、色彩等视觉元素放出数倍于文字的信息量来突出主题，表达消费者的心理需求，产生强烈的视觉效果，从而达到传递信息的目的。

招贴作为户外广告，具有面积大的特征，要求在版面上尽量使用较高的图版率和跳跃度较高的文字，使版面形成强烈的对比与视觉冲击力，达到吸引人们注意的目的；另外在任何一个广告版式中，必须在众多构成要素中突出一个清楚的主题，它应尽可能地成为观众阅读广告时视线流动的起点。此外，还要在版式中以种种标示来引导观众的阅读，逐步地诱导观众按视觉流程进行视线流动。

有时出于对版式设计的特殊要求，设计者可以根据手中的素材进行版面上的“按需分配”，以提高版式的艺术质量。对素材的灵活调配及安置应该遵循主次分明的原则。比如，对于招贴图形的运用要充分考虑重点与主次，切勿随意地使用版面图形，应根据对主题的分析，以独特的视觉元素富有创意地进行设计，可以采用抽象或具象的图形，也可以采用文字的图形化表现方式；还有应在编排版面的时候注意色彩的运用，以免与环境融为一体，不能达到视觉效果突出的目的。

三、招贴版式尺寸

由于招贴的宣传方式多样，因此，选择招贴的尺寸是很重要的，要在适当的环境选择适当的招贴尺寸才能更好地达到宣传目的。在招贴设计中，较常用的一种尺寸是 30 英寸 × 20 英寸（508 mm × 762 mm），依照这一尺寸，又发展出其他尺寸：30 英寸 × 40 英寸、160 英寸 × 40 英寸、60 英寸 × 120 英寸、10 英寸 × 68 英寸和 10 英寸 × 20 英寸。较大尺寸是由多张纸拼贴而成的。专门吸引步行者的招贴一般贴在商业区的公共汽车候车亭和高速公路区域，并以 60 英寸 × 40 英寸的尺寸为多。而设在公共信息墙和广告信息场所的招贴（如伦敦地铁车站的墙上）以 30 英寸 × 20 英寸和 30 英寸 × 40 英寸的尺寸为多。

招贴设计具有灵活性，可以根据其传达的信息和宣传环境决定招贴的尺寸。选择异型的版面形式，打破常规版面，使该招贴在版面造型上具有强烈的视觉效果，则更能吸引人们的注意。弧线的使用使整个版面具有线条的流畅感，展现个性。

四、招贴版式结构类型

招贴版式结构有几种常见的类型：横版或竖版均衡结构、斜版结构、三角形结构。设计师是否正确使用招贴的版式结构形态可以决定主题诉求效果的好与坏。

横版或竖版对称均衡式结构的招贴是观众最熟悉的一种形式，带给观众一种稳定、牢固、诚信度高、大气磅礴的感觉，这也是很多招贴会频繁选择该种构图的原因。横版或竖版均衡结构一般会将一级层级的重点信息放置在海报中间或靠下的中间位置，这个位置是整张海报最突出显耀的视觉焦点位置，视觉焦点位置四周辅以二级层级信息，形成左右、上下对称均衡的稳定形式，以稳重之势面对观众。这种结构的共同点就是构图面积大，能够尽可能地将主题所需的所有元素集中呈现在海报当中。按照从左到右或从上到下的顺序排列图片、标题、说明文字、标志图形，符合人们认识的心理顺序和思维的逻辑顺序，能够产生良好的阅读效果(图 5-1、图 5-2)。

斜版结构的招贴，会带给观众一种动态与速度之感，在运用斜版结构时要注意，版面中的重点元素倾斜排列，这种反常规的排列方式可以局部使用在视觉空间焦点的位置，要把握倾斜度和画面重心的问题(图 5-3)。

三角形构图的招贴带给受众一种气势感甚至会带来一种力量性的压迫感。这类构图通常的做法之一是将版面的主体信息放大并放置在画面的中间位置，其余次要元素依次缩小紧跟其后，形成一种三角向上的顶点刺激，主体信息以压倒性的强大气场充斥着人们的眼球，形成刺激从而吸引观众的注意力。还有一种方法是用三角形对版面进行分割，保留重要的视域范围，插入文字样式，使版式形成不同的空间层次(图 5-4)。

除上述之外，招贴版式的基础构图还有 S 型构图，形成艺术性构图；圆形构图，集中视觉焦点；对角线构图，能形成上下对比或遥相呼应的不同效果等。

Paradox:

$20,495*

Intrepid The New Dodge

图 5-1

9.28 ▸ 10.1
建筑 阅读 设计 生活
751 国际设计节
名师讲座系列
INT'L DESIGN FESTIVAL MASTER SERIES
9.28-10.1

トーキョーワンダーウォール
TOKYO WONDER WALL 2012
都庁2012
2012年10月▸2013年9月

ご紹介！「梅雨」を「快晴」に変える方法
サントリーレッド
500円

图 5-2

DADA
RENEWAL

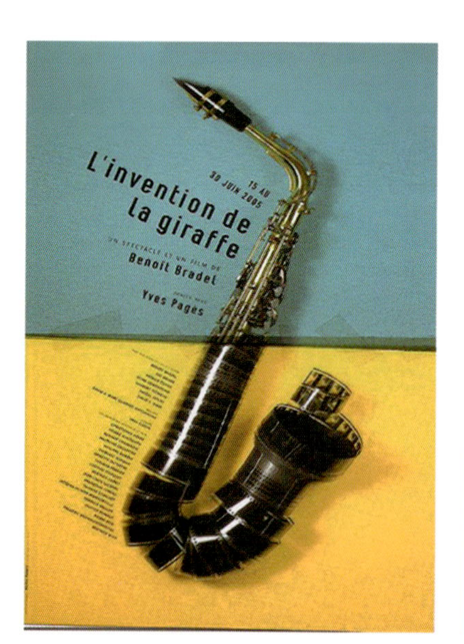
L'invention de la giraffe
30 JUIN 2005 15.40
UN SPECTACLE ET UN FILM DE
Benoit Bradel
Yves Pages

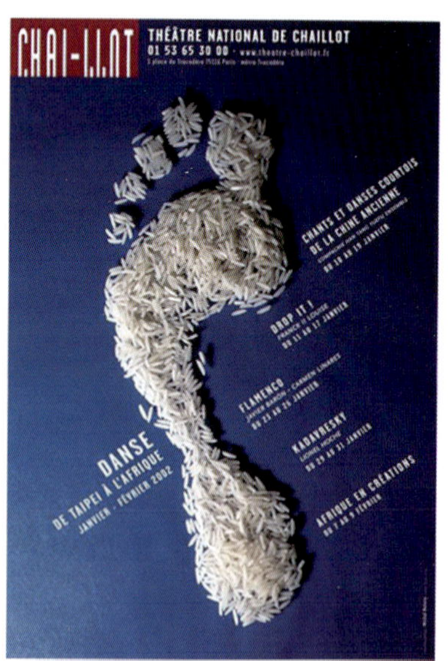
CHAILLOT
THÉÂTRE NATIONAL DE CHAILLOT
01 53 65 30 00 · www.theatre-chaillot.fr
CHANTS ET DANSES COURTOIS DE LA CHINE ANCIENNE
DROP IT !
FLAMENCO
KADAVRESKY
AFRIQUE EN CRÉATIONS
DANSE
DE TAIPEI À L'AFRIQUE
JANVIER · FÉVRIER 2002

图 5-3

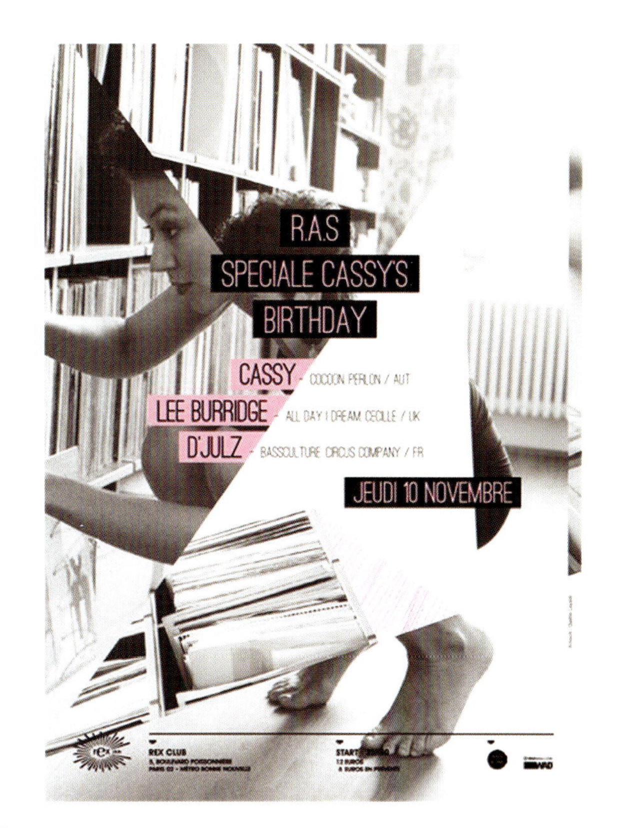

图 5-4

第二节 ⊙ (DM)广告宣传册的版式设计

DM 是英文 Direct Mail 的缩写，为直邮广告的意思，主要是通过邮寄、赠送等形式直接传到人们手中的一种信息传达载体。DM 是一种非轰动性效应的广告，因为其版面本身不大，主要是以不同的折页造型(图 5-5)、良好的创意、富有吸引力的设计语言来吸引目标对象，以达到较好的信息传达效果。DM 的设计具有很大的自由性，运用范围广，表现形式多样化。常见的 DM 主题内容有食品 DM、产品 DM、贺卡、年历。

在食品 DM 版面设计中，一般会有使视线停留、唤起人们食欲的食物照片作为主要图片，如果要表现版面的高级感，应注意价格表的编排，字号越小，高级感越强(图 5-6、图 5-7)。

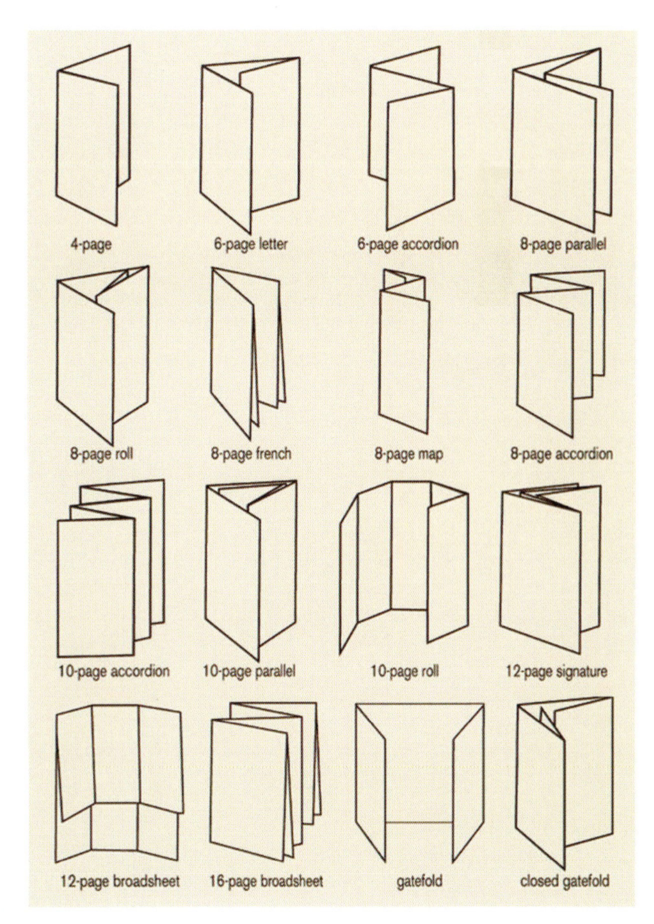

图 5-5

UNIQUE BLENDS

Mediterranean Risotto Blend
A Taste of Italy
Fantastic when mixed with risotto and chicken or to flavour proteins, couscous and vegetables.
120g #977
$16.95

Moroccan Couscous
A Taste of Morocco
This blend works beautifully when mixed with cooked lentils, chick peas or fresh vegetables. 180g #944
$16.95

Tunisian Couscous Blend
A Taste of Tunisia
A medium-hot blend with nuts, inspired by harissa to mix with lentils, chickpeas and vegetables.
180g #956
$16.95

Valencian Paella
A Taste of Spain
Warm, earthy and savoury with the added richness of rare saffrom.
150g #335
$16.95

INTRODUCING:

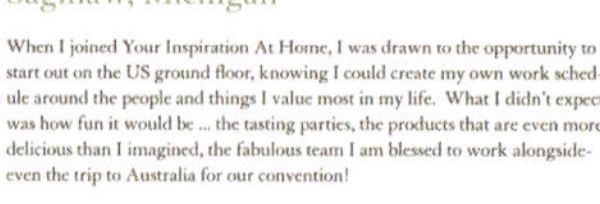

Ann Pieschke
Silver Team Leader
Saginaw, Michigan

When I joined Your Inspiration At Home, I was drawn to the opportunity to start out on the US ground floor, knowing I could create my own work schedule around the people and things I value most in my life. What I didn't expect was how fun it would be ... the tasting parties, the products that are even more delicious than I imagined, the fabulous team I am blessed to work alongside-even the trip to Australia for our convention!

Wifi enables me to work from practically anywhere (even the beach!), and it is rewarding to establish new friendships and to sponsor consultants in other countries. The extra income we're enjoying is the icing on the cake!

9

DIP MIXES

Fun, easy and one-of-a-kind.

Did you know that one jar of our Dip Mix makes up to 20 cups of delicious dip? And it's so easy to make just the amount you need for an appetizer or snack. Plus they're perfect for non-dairy dips when mixed with other unique ingredients.

Bay of Bengal Curry
A Taste of India
A unique curry blend packed with flavour and perfect for dips, sauces and curries. 120g #1119
$15.95

Casablanca
A Taste of Morocco
Blend of exotic North African and Middle Eastern herbs and spices.
125g #411
$15.95

Classic Olde World Herb and Garlic
A Taste of Italy
A versatile blend of fresh basil and oregano with the rich spiciness of chives and garlic.
100g #1110
$15.95

Country Onion and Chives
A Taste of Georgia
The mouth-watering taste of slow-roasted onions in an easy-to-use blend. So versatile! 90g #1115
$15.95

Dill and Onion
A Taste of Scandinavia
The perfect blend for potatoes, fish, homemade creamy dishes and classic tzatziki sauce.
120g #1114
$15.95

Guacamole
A Taste of Mexico
Mix with avocado and sour cream for a great guacamole dip, or add to salads and pasta too! 130g #468
$15.95

Louisiana Creole
A Taste of USA
Spicy, hot and full of flavour! Great for Creole cuisine, jambalaya, BBQ and blackened dishes.
120g #1127
$15.95

Meze
A Taste of Turkey
Exotic flavours of Turkey combined for a unique fresh dip made with sour cream or substitute with yogurt or labne for an authentic meal. Use in soups or stews.
130g #410
$15.95

Mongolian
A Taste of Mongolia
Exotic five spice with herbs and spices. Try blending in mayonnaise as a tasty condiment.
125g #303
$15.95

Salsa
A Taste of Mexico
Perfect for medium to hot spicy tomato salsa with that homemade flavour. 140g #523
$15.95

Smokehouse BBQ
A Taste of USA
Earthy, rustic flavours of the authentic smokehouse - perfect for sauces, mayonnaise on burgers or marinades. 130g #330
$15.95

Thai Green Curry
A Taste of Thailand
Rich, lively Thai flavours - perfect for marinating chicken and seafood.
130g #331
$15.95

4

A TASTE OF AUSTRALIA

Rich Beetroot
The stunning crimson colour and lovely flavour will draw interest from your guests straight away. 150g #476
$15.95

Tzatziki
A Taste of Greece
Traditional blend of Greek flavours - great with seafood and chicken, potato salad or oven fries.
150g #332
$15.95

Tuscan Style Capsicum Pesto
A Taste of Italy
Classic Italian family flavours with the subtle warmth of red capsicum. 120g #1117
$15.95

Tomato and Herb
A Taste of Italy
The sweet tomatoes in this dip give it a distinct Italian flavour for sauces and bruschetta. 120g #1508
$15.95

Veggie
A Taste of Scandinavia
Fresh flavours of vegetables ideal for soups, rice pilaf, stews, casseroles and more. 150g #613
$15.95

Wasabi and Chive
A Taste of Japan
The mild "hit"of Wasabi and the accompanying flavours are truly amazing! 110g #1518
$15.95

5

图 5-6

沸騰魚 $29.80
Boiling Fish-Sichuan style fish fillet, chilli, Chinese cabbage in spicy oil

Seafood
蒜香炒蝦球 $25.80
local king prawn in garlic sauce, onion, bamboo shoots, mushroom
沸騰魚 Boiling Fish-Sichuan style fish fillet, chilli, Chinese cabbage in spicy oil $29.80
宮保蝦球 Kong Po king prawn, capsicum, onion, peanut $25.80
蒜香炒蝦球 King prawn in garlic sauce, onion, bamboo shoots, mushroom $25.80
椒鹽蝦球 Salt and pepper prawn $25.80
椒鹽魷魚 Salt and pepper calamari $22.80
蘭花帶子 Work fried scallop, broccoli, garlic sauce $30.80

Vegetable and Tofu

走廚白菜	Chef's special Chinese cabbage with pork, bean noodle and chilli	$18.80
什菜豆腐煲	Mixed vegetable with Tofu	$16.80
什錦素砂鍋	Chinese cabbage, mushroom, vermicelli and partridge eggs in chicken broth	$18.80
麻婆豆腐	Ma Po Tofu with pork mince	$16.80
椒鹽豆腐	Salt and pepper Tofu	$16.80
乾煸四季豆	Twice cooked green beans, pork mince and XO sauce	$16.80
魚香茄子	Eggplant, minced pork in fish sauce	$16.80
炒什錦	Work fried mixed vegetable	$14.80
蠔油芥蘭	Chinese broccoli with oyster sauce	$16.80
酸辣土豆絲	Work fried shredded potatoes with garlic, vinegar and chilli	$10.80

图 5-7

产品DM广告一般是用装订成册的印刷品来取代，这种册子看似一本小书，内容丰富，形式精美，可以当成资料收集永久保存。其主要形式有32开、24开及16开等。使用大量相关的产品素材图片是这类DM手册设计时必需的，还要有适当的背景底纹的图片给人以高级感，且在制作过程中添加不同的装饰物带来不同的效果，例如化妆品DM大多选用花卉、水漾作为装饰。

贺卡DM是利用节庆活动这一特殊时段，以企业、公益、个人的名义印刷卡片作为传媒手段。贺卡有其独特的传播性质，是基于一种人性化的、柔和的亲情式的情感诉求。贺卡的版面构成应配合不同的节日气氛，讲究灵活多变的构图，重视贺卡的创意，力图达到更加清新悦目的视觉趣味。其形式有卡片式、POP式、吊式、半立体式等多种形式，具有浓郁的趣味性与装饰性（图5-8、图5-9）。

年历非常强调实用性、装饰性、知识性、趣味性、审美性、广告性和商品性。在其视觉元素中对于数字的排列方式特别讲究。通常状态下，数字的编排是以一周为一行或一个月一行，两个月为一

图 5-8

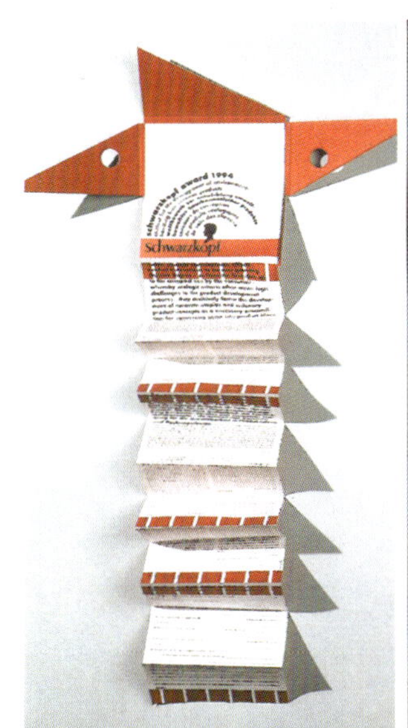

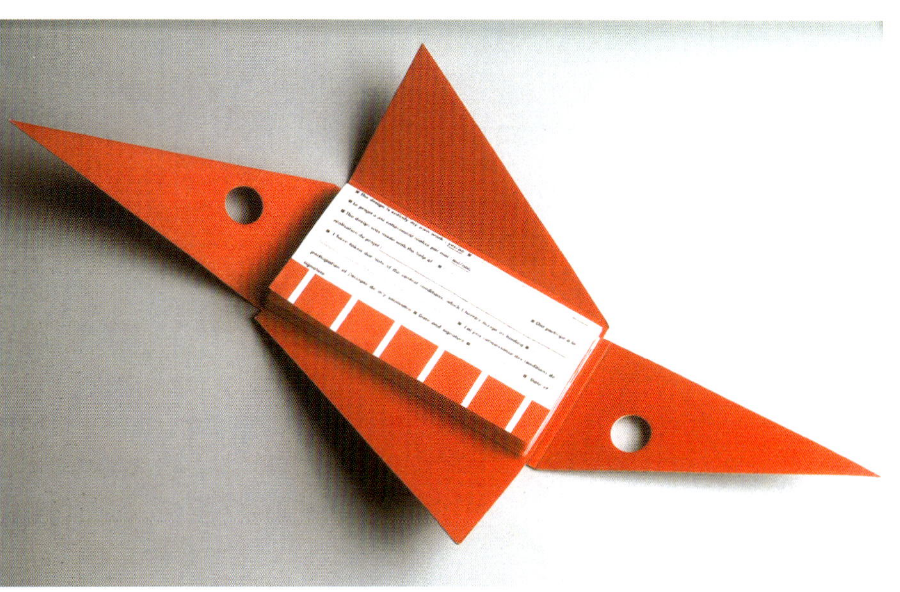

图 5-9

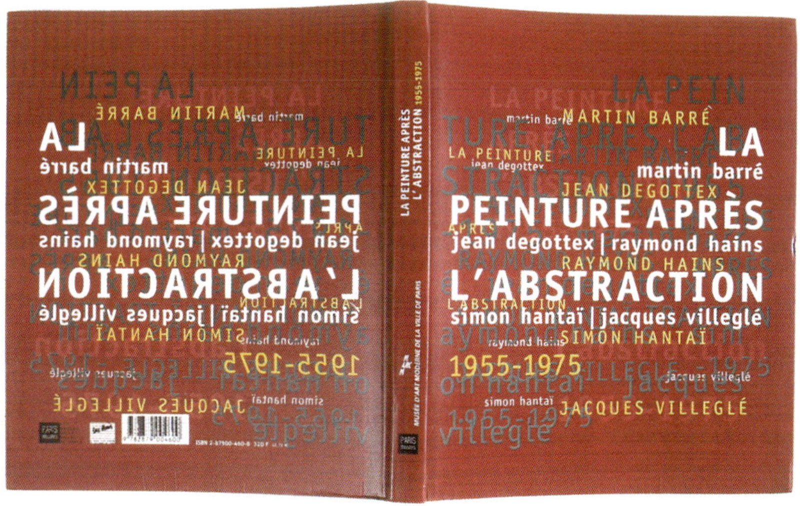

图 5-10

张的形式。遇到星期六、星期日或法定节假日，则通常用红色，一方面是作为提醒，另一方面也是设计上的点缀。有些年历会把数字当作图形来精心设计，这种别出心裁的构成手法会让视觉魅力更为持久，成为一种传统与现代并轨而行的设计意识。

第三节 ⊙ 书籍的版式设计

现代书籍设计被称为是一种立体的思考行为，从书籍中整体传达出的是一种"流动之美的"视觉感受。从阅读功能到审美需要、从感官意识到信息传达、从表现形式到设计美学，我们可以清晰地感觉到"流动"的发生。这种流动，是要从"流"的方向感、速度感、体量感、时间感等方面来理解的。快慢、缓急、大小、轻重、弯曲、折叠、排列等样态，都跟随着全书的节奏而变化，体现出书籍设计"流动"的艺术，是"有生命"的艺术。那么，书籍整体设计中的"流动之美"是如何在版式中体现的呢？这主要体现在书籍版式整体神态与形态的构造、书籍版式各要素之间的整体关系上。

一、书籍版式的构造

书籍版式是由整体神态与形态共同构造的。书籍版式整体神态指的是构成书籍的艺术语言，如纸张材料、制版工艺、印刷工艺、装订工艺等，这些都是书籍设计的特有艺术语言。神态的最终实现依赖于如何将这些实际要素通过一系列方法进行整合。书籍的形态构造指的是构成书籍的艺术手段，是由书籍开本、书籍结构、内文版式、书籍护封的设计等组成的，这些也都是其他艺术门类所没有的。以书籍的开本为例，特殊规格的开本给人以新颖的视觉效果，容易在众多书籍中脱颖而出，但是采用统一规格开本的书籍则给人留下系列书籍的印象。在市面上我们常常见到的书籍开本大小为A5开本或A6开本，文本库图书一般采用的是A6开本。对于页面较多的印刷品来说，书籍装订成书过程中的折叠和裁切也是不容忽视的，在页数较多的书籍中，要考虑每个择页的顺序，从而调整页面间的空白，一次增加1mm的页面宽度。设计师在考虑书籍开本的同时，应决定页边的留白空间以及页面的排版安排。杂志类的书籍既要注重视觉形式，又要包含大量的信息，所以需要选择较大的开本形式。以文字信息为主的书籍，如小说的开本选择，就要考虑到携带方便和便于保存，应该选择较小的开本。

二、书籍版式的整体关系

书籍整体形态由函套、护封、封面、书套、环衬、扉页、前言、目录、正文、后记、插图和版权页所构成，各部分版式设计方式必须具有统一的风格，形成环环相扣、上下起伏、流动节奏、联系紧密的版面特征。

封面设计是书籍装帧设计的一部分，它通过艺术形象设计反映书籍的内容。图书的封面就是一本书的"门面"，它在一定程度上将直接影响到图书能否被读者"相中"。版式设计最基本的功能就是梳理文字排版方式，以方便、导引读者阅读，版式设计中对文字的排版、设置将影响到阅读的节奏、理解的速度以及阅读的舒适度。封面设计和版式设计可以体现出图书特点，为读者理清内容脉络，呈现出图书清晰的结构关系，从而把图书阅读的便利性、舒适性尽量地发挥出来（图5-10—图5-13）。

文前一般包括致辞、谢词、序言、目录等，是正文之前的内容的总称。其中"致辞"是主要表达对特定人员致意的文字；"谢词"是表示感谢的文字；"序言"是作者对书籍内容的总体说明文字；"目录"是为了使读者在阅读的时候能清楚地了解书籍的主要内容，可以准确地找到自己想了解的信息而设定的。

扉页根据内容的不同，可以分为前扉、正扉、中扉、篇章页四种形式。扉页一般以简单的文字记录书籍、作者、出版社等信息，扉页的背面一般采用白纸。

书籍内页的正文是书籍的主要部分。编排正文的时候要注意确立版心的大小，版心影响着整个书籍版面的平衡感。在正文中要注意图片与文字的编排，增强文章的可读性（图5-14）。正文还包括文字的字距、大小、字体、行间距、段落、章节、线框等。可借助网格方式把版面分成一栏、两栏不

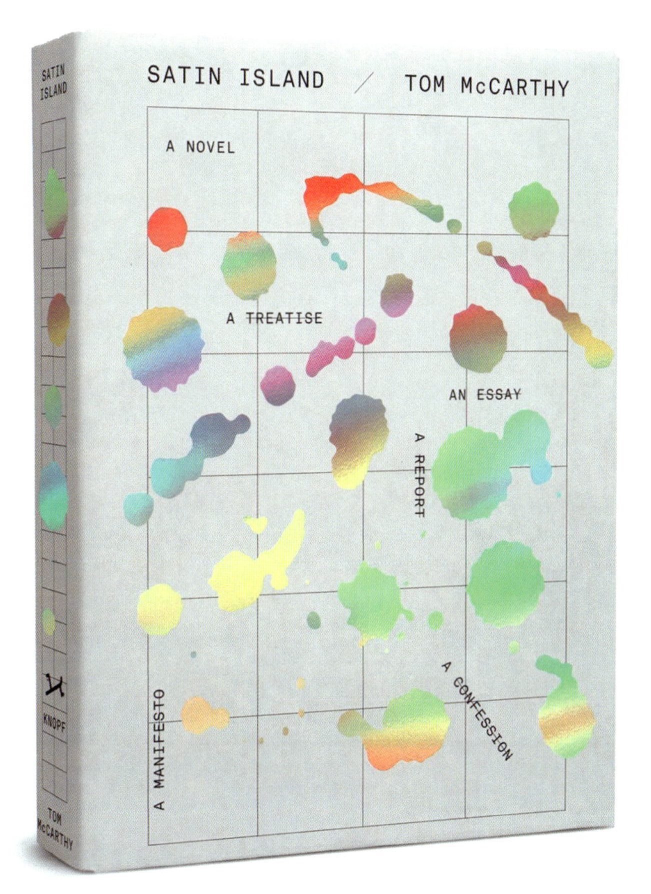
SATIN ISLAND
TOM McCARTHY
A NOVEL
A TREATISE
AN ESSAY
A REPORT
A CONFESSION
A MANIFESTO
SATIN ISLAND
KNOPF
TOM McCARTHY

图 5-11

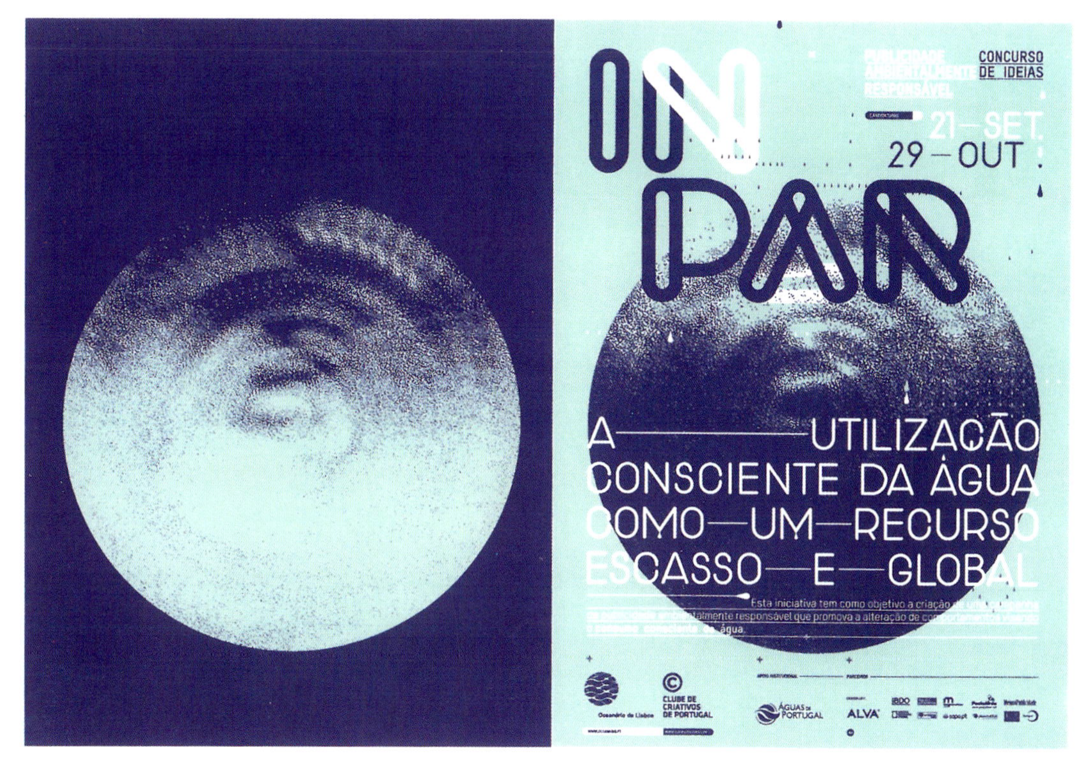
CONCURSO DE IDEIAS
21—SET.
29—OUT
PAR
A—UTILIZAÇÃO
CONSCIENTE DA ÁGUA
COMO—UM—RECURSO
ESCASSO—E—GLOBAL
CLUBE DE CRIATIVOS DE PORTUGAL
ÁGUAS de PORTUGAL
ALVA

图 5-12

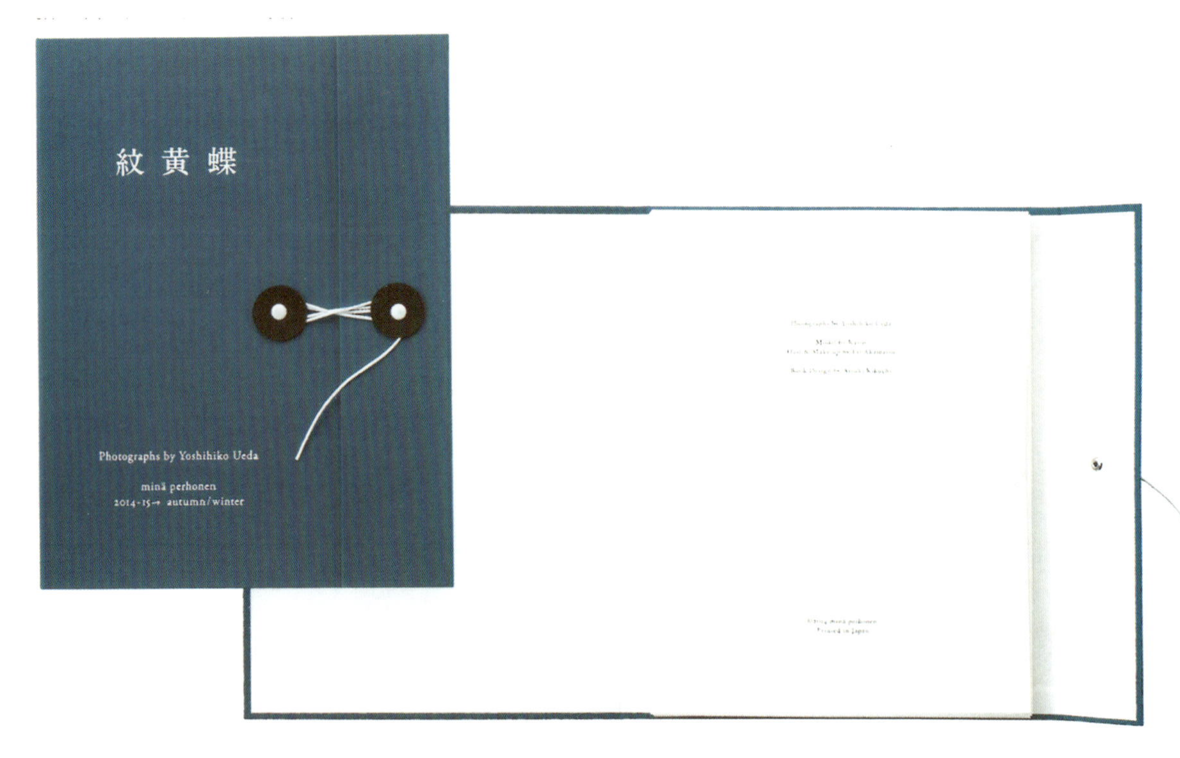
紋 黄 蝶
Photographs by Yoshihiko Ueda
minä perhonen
2014-15→ autumn/winter

图 5-13

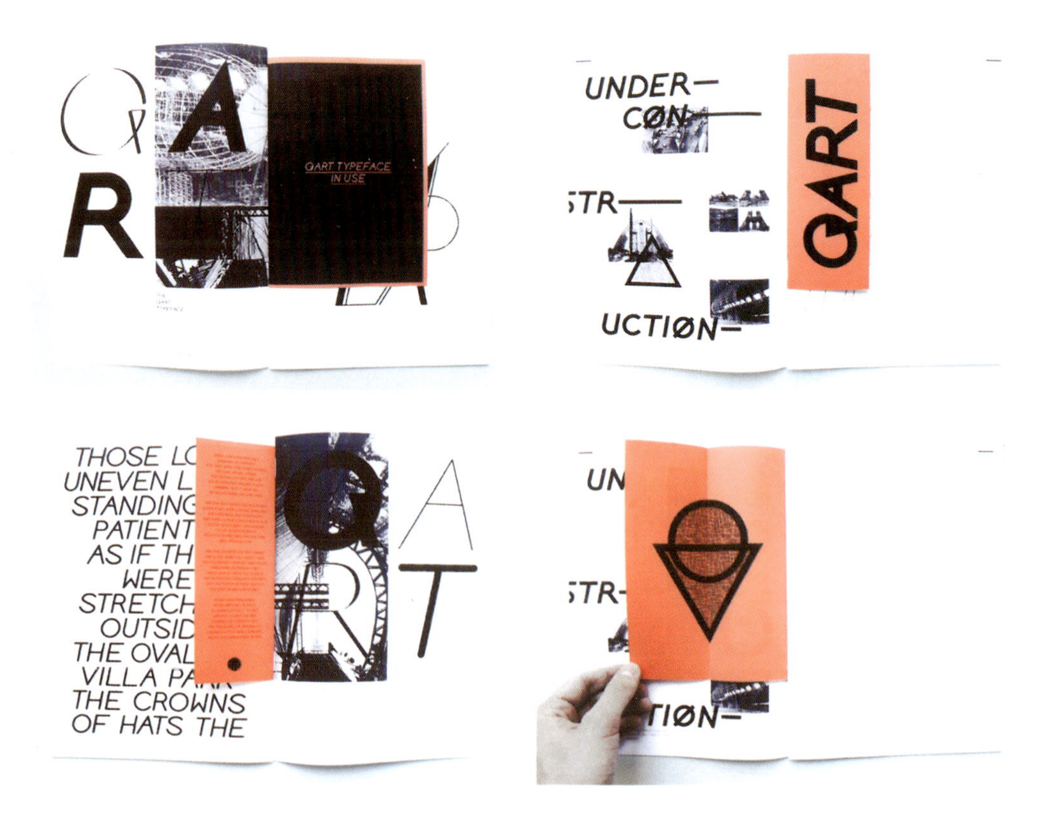
QART TYPEFACE
IN USE
UNDER—
CØN—
STR—
UCTIØN—
QART
THOSE LO
UNEVEN L
STANDING
PATIENT
AS IF TH
WERE
STRETCH
OUTSID
THE OVAL
VILLA PA
THE CROWNS
OF HATS THE
TIØN—

图 5-14

等，运用网格构成可以使得版面井然有序，从而体现出优雅与空灵的意蕴。构成的版面可以具有秩序美，也可以打破常规壁垒，将版面理解为点、线、面的构成，穿插组合让文字与图片错落有致，相映成趣，从而创造出具有新形态、新格局的版面（图5-15）。

后附，就是包括后记、参考文献、索引、版权页、广告等放在正文最后的所有内容的总称，主要是对整个书籍内容加以说明与总结。

页眉页脚和页码是在版心上方、下方起装饰作用的图文。页码可根据需要页眉页脚，或是切口位置。在书籍版式中，页眉页脚以及页码是小细节，能使整个版面达到精致和完美的视觉感受，成为版式设计中的一大亮点。页眉页脚具有统一性，在书籍版式中，设置页眉页脚可以使页面之间更连贯，形成流畅的阅读节奏。

三、书籍版式设计值得注意的问题

一方面，我们给书籍做版式设计必须了解图书的内容和策划过程，这样才能更好地把握版式与图书风格品位的统一融合。这主要体现在怎样才能使版式与内容相得益彰、完美结合；怎样才能使图书封面和图书内文版式更加和谐，给图书增色。如果整体书籍的设计过程是割裂开的，就会导致封面与内文不连贯，形式与内容不协调，图书设计失色。因此，图书版式设计与图书文稿策划之间的联系犹如人的脸和身体一样，是不可分割的。一本图书从策划到设计最初的草案形成是由策划编辑对图书市场进行调研和分析，根据书名、内容、图书类别的不同，考虑出可行的设计方案。等到图书成稿，只有策划编辑对图书内容了然于心、深入理解。而在图书的整个策划及生产过程中，设计人员很少介入策划、组织、编辑、设计、印刷到成书的整个过程，因而对书稿本身不了解。所以，制作版式的设计人员要积极地与策划编辑进行沟通，了解图书内涵，唯有了解图书内容，才能用对相关的设计素材，其设计才能将图书价值真正体现出来。

另一方面，书籍的种类繁多，内容包罗万象。从内涵到文字形式都具有不同程度的理性色彩和论述性质的社科类书籍，其设计特点着意于具体内容与抽象概括的主题思想的体现。以文本特定的艺术趣味为设计参照，受体裁、内容、作者国籍、时代的影响的文学类书籍，其设计特点与风格多姿多彩。还有根据年龄阶段不同包括低幼读物、学龄儿童读物、青少年读物等不同类型的少儿类书籍，这类书籍设计的最大特点就是要针对少年儿童的心理特征，结合书籍内容，并按照他们的视觉审美需要来进行定位设计。有信息密集、行文严谨、表述准确、综合性或专业性较强、学科分类严密的百科全书、篆刻词典、语言文字类字典和词典的辞书类书籍，这类书籍设计要求突出其深博、厚重、简约的风格。有包含理性色彩的科技读物，力求严谨、大方、简练，从而取得生动鲜明的视觉效果。还有种类繁多，形与质高度和谐的艺术类书籍，审美个性和视觉形式的高度统一是这类书籍的设计特点。由于不同种类书籍的内容性质不同、阅读对象与用途各异，我们要根据其内容性质区别设计，要依托不同种类的书籍特点设计版式形态，使得整部书丰富、生动、到位(图5-16、图5-17)。

III. Tropica
treet Exhibition
I.
II.
20.02.2010
Place Riponn

图 5-15

contemporary
style of
writings I
現代文 I
数学 I
英文法 I

图 5-16

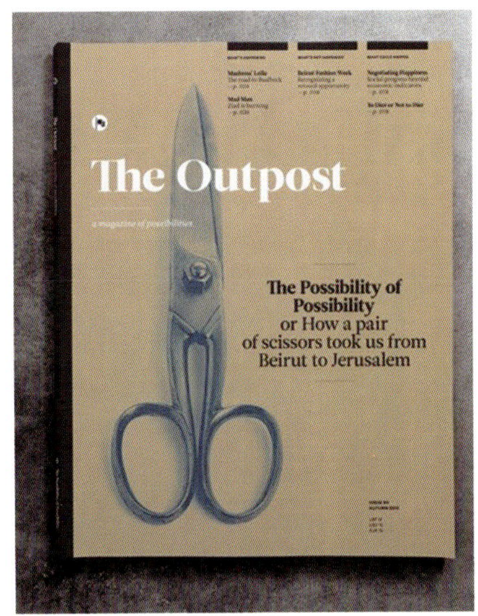

图 5-17

第四节
报纸的版式设计

报纸广告的版面大体分为双页跨版、双半页跨版、全版、半版、四分之一版、三分之一版和其他不同尺寸的广告版面。这要根据具体内容来做适当的选择。一幅报纸广告主要由商标、品名、标题、广告语、文案、厂名、图片、图形等要素构成，设计师的任务就是尽量发挥上述各种要素的机能，抓住读者的视线，创造出富于个性的版面形式，达到销售商品和建立品牌形象的目的（图 5-18 — 图 5-21）。

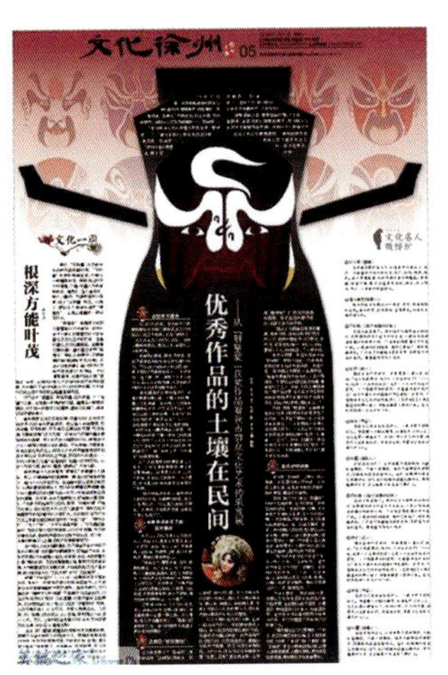

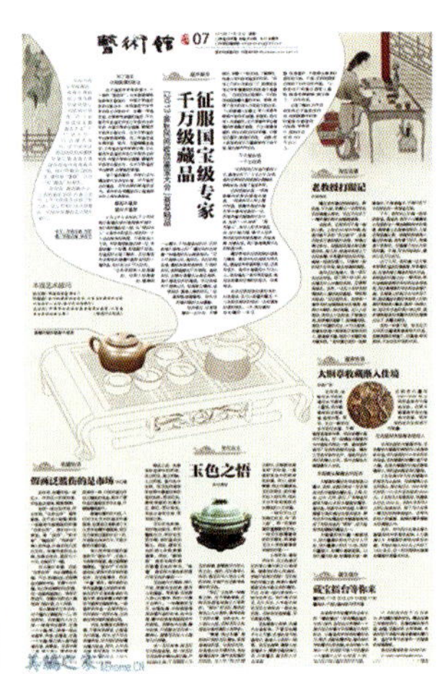

图 5-18

GRAND OPENING

Badgers run all over UMass to kick off Andersen's tenure

SPORTS | 1B

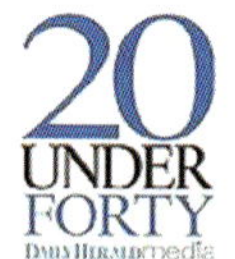

RECOGNIZE!

Nominate an outstanding community member, under 40 years old. Nominations open today.

FIND OUT MORE AT WAUSAUDAILYHERALD.COM/20UNDER40

WAUSAU DAILY HERALD

WWW.WAUSAUDAILYHERALD.COM   A GANNETT COMPANY   SUNDAY, SEPTEMBER 1, 2013

By Lauren Tubbs | Daily Herald Media

Each September when the annual Birds in Art exhibition goes on display at the Woodson Art Museum, art enthusiasts flock to admire the variety of beautiful, valuable masterpieces stationed across the gallery floors and walls.

What they don't see is the behind-the-scenes work that goes into creating the world-renowned exhibition that the museum has organized every year since 1976.

"Many visitors think that (the exhibition) is sort of like an inflatable, a tidy package that comes ready to go," museum Director Kathy Foley said. "That's not true, but the illusion of a seamless beautiful package that just appears, that's what we want to create for our visitors. The fact that we're sort of anonymous in the back-

See ART, Page 11A

WOODSON ART MUSEUM

The museum, at 700 N. 12th St., Wausau, is open from 9 a.m. to 4 p.m. Tuesdays through Fridays; 9 a.m. to 7:30 p.m. Thursdays during Birds in Art; and noon to 5 p.m. Saturdays and Sundays. For more information, call 715-845-7010 or log on to www.lywam.org.

INSIDE

Artists around the world come to Artrageous Weekend Page 1C

Framed by the Simon Gudgeon bronze sculpture, "Lyrebird," curator of exhibitions Andy McGivern gets another piece ready Wednesday as the Woodson Art Museum in Wausau prepares for its Birds in Art show. DAN YOUNG/DAILY HERALD MEDIA

Parents search for deals in back-to-school shopping trips

By Keith Uhlig
Daily Herald Media
kuhlig@wdhmedia.com

WESTON — Back-to-school shopping has been strong and steady for more than a month at the Target store in Weston, but this year's shoppers have been choosy and kept a sharp eye out for deals.

"I can tell you that (school supplies) have been flying out the door," said Hannah Vorpagel, an executive team leader who oversees the school supply section in the store. "Things have been selling very, very fast. ... But customers are also searching for the best deals, even comparing prices on pencils, and asking a lot of questions."

Vorpagel couldn't say whether this year's back-to-school buying surpasses that of past years, but her experience matches well with a survey done in July by the National Retail Federation. That study predicted parents would buy school supplies for their children at healthy levels but would not match the record spending of a year ago.

Nationwide, the retail group predicted families with school-age children will spent an average of $634.78 on clothes, school supplies and electronics, down from $688.62 last year.

Katie Gilles, of Wausau, was doing some back-to-school and other shopping with her grade school-aged daughters Alison and Lucy at Target on Saturday afternoon, getting ready for the start of school Tuesday.

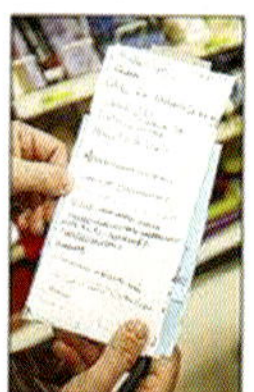

Margie Wenzel, of Edgar, displays her back-to-school shopping list as she shops at Target in Weston on Saturday with her 9-year-old daughter Lizzie. DAN YOUNG/DAILY HERALD MEDIA

See SCHOOL, Page 11A

Wis. lawmakers praise Obama's decision on Syria

By Donovan Slack
Gannett Washington Bureau

WASHINGTON — Members of Wisconsin's congressional delegation from both parties breathed something of a collective sigh of relief when President Barack Obama announced Saturday that he decided to allow Congress to weigh in before authorizing military intervention in Syria.

Several Badger State lawmakers, including Democratic Sen. Tammy Baldwin and Republican Sen. Ron Johnson, had urged him to take such action this past week. Republican Reps. Reid Ribble of Sherwood, Sean Duffy of Weston, Jim Sensenbrenner of Menomonee Falls and Tom Petri of Fond Du Lac joined Democratic Rep. Mark Pocan of Madison in signing letters to Obama asking for a vote.

"I'm glad the president made the right decision to consult Congress before taking military action in Syria," Petri said after the president's announcement. "I will be carefully reviewing what the president puts forward to Congress next week."

"My first reaction was I was extraordinarily

See SYRIA, Page 11A

INSIDE

Obama looks to Congress for Syria strike approval
Page 10A

$2.00 retail
For home delivery pricing, see Page 2A

Weather/8B

Today: Clouds and sun with a t-storm; warm

High: 82 Low: 54

Obituaries/2, 5A

Phyllis Boxrucker
Harvey Endvick
Doris Habeck
Willam Hackel
Milton Hamann
Eline Nowak
Raymond Raczkowski
Joseph Rafacz
Angela Schilling
Anthony Sczygelski

图 5-19

SUNDAY, SEPTEMBER 1, 2013 A GANNETT COMPANY $2.00

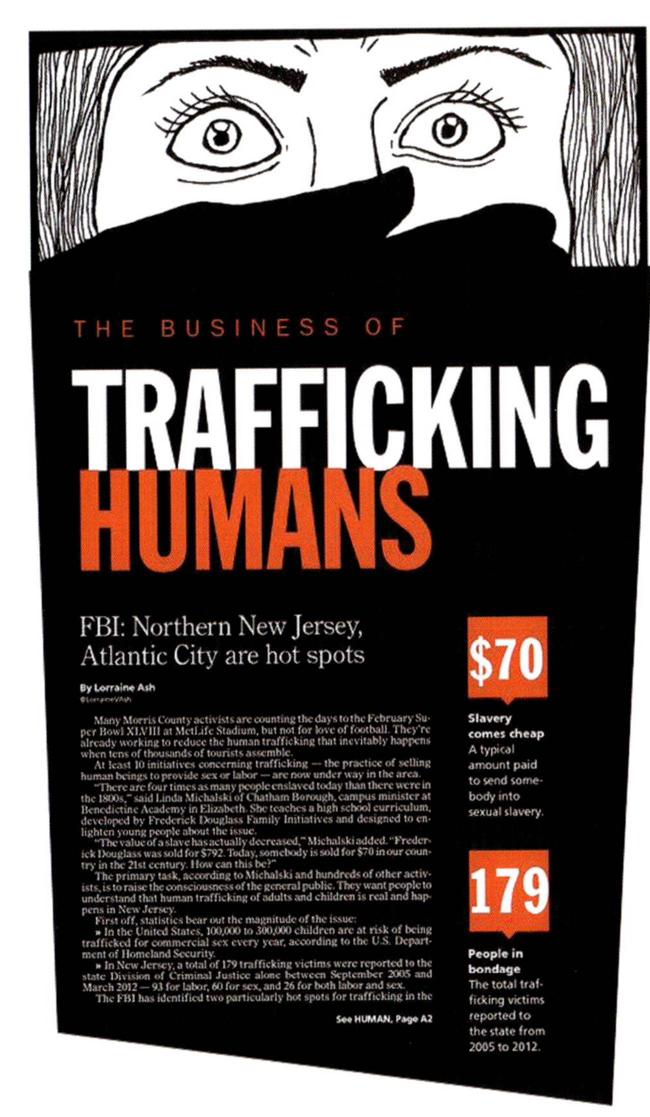
THE BUSINESS OF

TRAFFICKING HUMANS

FBI: Northern New Jersey, Atlantic City are hot spots

By Lorraine Ash

Many Morris County activists are counting the days to the February Super Bowl XLVIII at MetLife Stadium, but not for love of football. They're already working to reduce the human trafficking that inevitably happens when tens of thousands of tourists assemble.

At least 10 initiatives concerning trafficking — the practice of selling human beings to provide sex or labor — are now under way in the area.

"There are four times as many people enslaved today than there were in the 1800s," said Linda Michalski of Chatham Borough, campus minister at Benedictine Academy in Elizabeth. She teaches a high school curriculum, developed by Frederick Douglass Family Initiatives and designed to enlighten young people about the issue.

"The value of a slave has actually decreased," Michalski added. "Frederick Douglass was sold for $792. Today, somebody is sold for $70 in our country in the 21st century. How can this be?"

The primary task, according to Michalski and hundreds of other activists, is to raise the consciousness of the general public. They want people to understand that human trafficking of adults and children is real and happens in New Jersey.

First off, statistics bear out the magnitude of the issue:

» In the United States, 100,000 to 300,000 children are at risk of being trafficked for commercial sex every year, according to the U.S. Department of Homeland Security.

» In New Jersey, a total of 179 trafficking victims were reported to the state Division of Criminal Justice alone between September 2005 and March 2012 — 93 for labor, 60 for sex, and 26 for both labor and sex.

The FBI has identified two particularly hot spots for trafficking in the

See HUMAN, Page A2

$70

Slavery comes cheap A typical amount paid to send somebody into sexual slavery.

179

People in bondage The total trafficking victims reported to the state from 2005 to 2012.

Sheriff: Resolve staffing deficit

Shortage called 'safety concern'

By Peggy Wright

During two decades on the job, Morris County Sheriff Edward V. Rochford has assembled a core team of top-level staff, but is facing an unprecedented manpower shortage that he mostly attributes to lack of a new contract for rank-and-file sheriff's officers.

"The (manpower) situation for me, as sheriff, is becoming critical and a public safety concern," said Rochford — who took office in 1993 and is seeking reelection in November — said in an Aug. 16 memo to County Administrator John Bonanni and the Board of Freeholders.

Two of Rochford's top staff members in the office's Bureau of Law Enforcement, Chief Carol Ackerman and Capt. Gregory Elorette, have retired since June, and he will lose longtime Undersheriff John "Jack" Dempsey to retirement on Jan. 3.

Rochford has repositioned staff to assume the jobs of chief and undersheriff. He said he is further strengthening office leadership with a plan to designate civilian attorney Staci Santucci, longtime office chief-of-staff, to a sworn position as an administrative undersheriff in the Law Enforcement Bureau sometime before January.

Rochford also has hired three retired State Police troopers with expertise in distinct areas, but the departure of multiple other officers for higher-paying jobs in municipal police departments, coupled with retirements, is weighing heavily on his mind.

"The Sheriff's Office now has the lowest pay of any law enforcement agency in Morris County and the lack of a contract for the past three years has contributed greatly to their exodus," Rochford said in his memo. He urged continued negotiations and settlement of a contract with PBA Local 151, the union for rank-and-file officers who work in the Morris County courthouse or in special services such as the K-9 unit and Criminal Investigation Section.

In prerecession 2007, the Bureau of Law Enforcement had 107 officers. Today, there are 73, partly through attrition. Five officers resigned in the past few months to join municipal departments and a sixth, an officer assigned to the K-9 unit, is leaving to join the Randolph Police Department.

Rochford said he expects that another five officers will give notice soon. To increase the body count, 12 recruits were sent in July to the county Public Safety Training Academy. Of those, one

See SHERIFF, Page A2

"I'm saying to the county you've got to stop the bleeding here."

EDWARD V. ROCHFORD
Morris County Sheriff

Camp should help Timmy have great year at school

Summer offers a chance to meet peers, commune with nature

By Matt Harper
Special to the Daily Record

Timmy might just have a great school year because of the time he spent at camp this summer.

Nine-year-old Timmy, who struggled throughout the last school year, was diagnosed last spring with a learning disability. He began seeing a tutor and will continue to receive support throughout the upcoming year. However, his difficulties made him feel like he is different from his classmates, and his parents said that he was very upset throughout the spring.

Timmy's parents sent him to camp for the first time, hoping that he would find other boys and girls to whom he could relate. Happily, Timmy found other kids at camp who are struggling with difficulties at school and at home, and he came home feeling like he wasn't that different after all. At camp he saw that everyone has challenges, and the counselors there encouraged him to work hard to overcome his challenges at school.

Operation Sunshine made it possible for Timmy to have this reaf-

See SUNSHINE, Page A2

Operation Sunshine

WHAT YOU CAN DO

Contributions may be sent to **Operation Sunshine, P.O. Box 217, Parsippany, NJ 07054**. Donations are tax-deductible, and every dollar goes to camping costs.

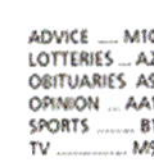

图 5-20

Rough day

Mississippi State, Southern Miss both fall in season openers.

THE BLITZ, 1D

The Clarion-Ledger

$100 IN COUPON SAVINGS

SEPTEMBER 1, 2013 MISSISSI... clarionledger.com

WANT TO SUPPORT YOUR TEAM?
YOU CAN, IF YOU CAN AFFORD IT.

RIGHT PRICE

WHAT'S IT GOING TO COST THIS YEAR?

What Mississippi universities charge for season tickets

Ole Miss
Prices range from $220 to $325

MSU
Prices range from $175 to $280

Southern Miss
Prices range from $55 to $175

Jackson State
Prices range from $50 to $195

Season tickets steep, but fans will pay for memories

By Billy Watkins
bwatkins@clarionledger.com

Larry Conner, a 58-year-old Baldwyn resident, has made it known to his family and close friends: Should he die the week of an Ole Miss football game, bury him quickly or wait until the following Monday.

"I don't want my funeral interrupting anybody's plans to go to Oxford for a home game or watching a road game on television," he says.

Gary Simons, a 61-year-old carpet store owner in Brandon, says when he enrolled at Mississippi State in 1970, his dormitory room had a sink on the wall and two single beds.

"I'd actually moved up in the world," he says. "I'd shared a bedroom with three brothers all my life. Our family was full of love, but we were dirt poor. When I got to State, people accepted me for who I was. I made friends and memories that are so deep in my heart, they'll never leave."

It's people like Conner and Simons — fans willing to pay hundreds and even thousands of dollars for football season tickets at their respective schools — who give Ole Miss and State a fighting chance in

See FOOTBALL, Page 3A

ONLINE
College football coverage, blogs and more at clarionledger.com

"

It's the whole fan experience; that's what we are constantly trying to improve. What we're creating here is a village that is a destination point. Yes, it's a football game, but it's an experience."

ROSS BJORK
Ole Miss athletic director

STAFF ILLUSTRATION BY MERRY ECCLES/THE CLARION-LEDGER

The testimony of Hal Hart

Dark areas indicate cancer in Hal Hart's PET scan. JOE ELLIS/THE CLARION-LEDGER

He believes faith, not medicine, made his Stage 4 cancer disappear

By Ruth Ingram
ringram@clarionledger.com

Hal Hart is a man of faith.

So much so he trusted God to wash away the Stage 4 bone cancer and metastatic lung cancer that consumed his torso, lodged a golfball-sized tumor in his neck, robbed his compact frame of 30 pounds, and wracked his body with pain so intense he couldn't bend over.

Told by his Jackson oncologist in late 2012 that the cancer was inoperable, the Byram resident traveled with wife Peggy to the famed M.D. Anderson Cancer Center in Houston, Texasw, just to make sure. "I wanted to be able to say I'd been to the best," said Hart, an orthopedic technologist at Mississippi Sports Medicine and Or-

See CANCER, Page 2A

ONLINE
See a video of Hal White's testimony at clarionledger.com.

Inside

Squeeze in a little more summer. You've still got a some time.

FAMILY, 1E

CORRECTIONS

If the Clarion-Ledger publishes an error, we will correct it. To report an error, call (601) 961-7163.

FORECAST

It'll be a scorcher today, with highs near 100 degrees.
Weather, 3A

High 98
Low 72

INDEX

0 40901 09801 0
Retail: $2.00
See page 4A for pricing details

图 5-21

一、报纸版面的设计特点

1. 视觉性强的标题设计

根据报纸信息的归类可以看出,报纸是以标题为基础进行选择性阅读的。人们通过对标题的感觉决定是否进行全文阅读,因此标题在报纸版面中有着重大的作用。一个视觉性强、有特殊个性的标题,能使读者眼前一亮,把所有注意力都集中在标题上,激发阅读的欲望。标题具有主次之分,报头是报纸最大的标题,也是报纸的脸面,人们在报摊前搜索报纸,主要是通过报头的吸引程度来选择报纸的。因此,报头设计应具有强烈的视觉冲击力,从而达到吸引读者的目的。在标题的设计中应注意不同字体样式的使用、字距的调节,还要注意适当的空间留白,这样不仅可以起到强调标题的作用,而且使版面具有节奏感,减轻视觉疲劳感。

2. "最佳视域区"的设计

眼睛是我们人类运用器官捕捉外部形象的重要工具。视觉是通过眼睛、被看的对象以及连接这两者的光源构成的。视觉现象的变化完全基于这三个要素的变化。心理学家认为,在一个限定的范围内,人们的视觉注意力是有差异的。注意力价值最大的是中上部和左上部。上部让人感觉轻松和自在,也是视觉中心对比最强的地方,下部和右侧则让人感觉稳重和压抑。故版面上侧的视觉力度强于下侧,左侧强于右侧。因此,版面左上部和中上部被称为"最佳视域"。另外,在纵长版面中心线的三分之一处,最为引人注目,这是版面的最佳"焦点"方位。在焦点的四周,是版面的"最佳视域区"。

3. 报纸颜色的选择

在报纸版面编排中,色彩的合理搭配是非常重要的,应该注意到色彩的统一性,这样可以使版面更具有整体感。首先,根据报纸的内容确立版面的风格。其次,根据确立的风格选择版面使用的色彩,给版面确立一个主色调。所谓主色调就是占整个版面60%的色彩。最后,再根据版面的需要搭配一些邻近色或提点色,使版面具有协调感。报纸属于印刷品类的一种,在色彩的选用上采用CMYK模式,以确保版面印刷的色彩效果。

从人体视觉对颜色的敏感度来看,彩色的记忆效果是黑白的3.5倍。因此,彩色报纸比黑白报纸更能吸引人们注意。每一张彩色报纸都有自己本身的色彩基调,从而体现报纸的办报理念、市场定位与独有的版面风格。色彩的使用使报纸版面打破了常规的黑白的严肃版面,使报纸版面具有活跃性。

报纸在色彩的运用上应该注意合理搭配,并不是对报纸添加了色彩就是彩色报纸。不少设计者对色彩不能很好把控,譬如把各种漂亮的色彩都涂抹在版面上,标题、报头、正文弄得五颜六色。这样的报纸没有主色调,让人不能安心阅读,给人杂乱的感觉,造成视觉疲劳,这就是滥用色彩带来的危害。而另一方面有些设计师怕用色彩,因为担心色彩搭配不当而只采用彩色图片,这样的报纸仅仅比黑白报纸多了几张彩色的图片而已。

二、报纸设计值得注意的问题

1. 主次分明

文字是报纸传递信息的主要元素,文字在报纸版面中的编排直接影响着整个报纸版面的阅读效果。报纸一般使用专门的字体编排文字,比如宋体就是典型的报纸排版字体。在一个报纸版面中,除了标题以外的正文字体一般不要超过三种,以免造成版面字体混乱,带来视觉疲劳影响阅读。标题文字一般采用大而粗的字体,起到醒目的效果。文字可以根据版面需要选择不同的色彩,一般情况下,字体颜色的变化主要体现在报名和各条新闻稿件标题字上。报纸版面中的文字以块状的形式编排在版面中,形成不同的小块,使阅读节奏和版面层次清晰。标题的字体与色彩关系影响着整个版面的视觉效果,标题在报纸版面中有明确的主次之分。

2. 版面流畅

栏型的规则化处理，是整个报纸版面在视觉上的完整性体现。过于多变的分栏方式，并不利于读者形成对一份报纸的统一视觉感受。因此，在报纸版面中坚持栏型的规则，更有利于报纸版面形象的树立，也是目前国际报纸版面设计的重要手段之一。

在编排报纸版面的时候要注意版面的流畅感，切忌通版，所谓通版就是纵向上连续空白，造成了版面的“通”，如果从上一直到下都出现了“通”的版面，就叫版面的通版。另外一个为断版，横向上连续空白，就形成了版面的“断”，如果从左“断”到右，版面被“拦腰斩断”，就形成了断版。

第五节 网页版式设计

21世纪是网络的世纪，在Internet上没有国界的限制，所以又称为国际互联网。互联网是由成千上万的网站构成，而每个网站又都是由网页构成的，网页是构成网站的基本元素。传统的网页设计是以静态的形式传达信息，随着科技的不断进步，现在的网页版面构成是结合动画设计、音频效果等的综合表现形式。首先是页面的版面效果，它同样要遵循版面的造型要素及形式原理，在这基础上再做延伸，加上适当的动画和背景音乐效果使得网页在视觉上生动起来，听觉上也能得到享受。网页的版面与平面的广告招贴、封面类似，都是以醒目的色彩、新颖的构图和独特的图形组成，给人以美的享受。如商业公司的网页风格鲜明，造型上具冲击力，用色更为考究耐看，格调高雅(图5-22)。在网页版式设计中值得注意的问题有以下一些：

图 5-22

一、文字样式的使用和文字群的编排

由于网页是属于电脑上显示的信息，屏幕的抖动对观者视觉的影响很大，因此在网页的版面中，文字不能太粗或者太细，并要适当地增大行间距。大段的文字可以添加一个浅色的背景，缓解屏幕与文字之间的反差（图 5-23）。巧妙运用分割线，也能增强观者的阅读体验(图 5-24)。

二、图形与文字的比例

图片在版面中除了能够将信息具体化展示外，还具有调节版面活跃感的特征。在版面中，图片面积的多少决定了版面的活跃程度，针对不同主题的页面，在文字与图形的编排上也会有所变化。文字在网页中的编排要求低调、简洁，能够清楚传达网页信息，每行的文字字数不宜过多，一般不超过 30 字，以免造成视觉疲劳(图 5-25)。

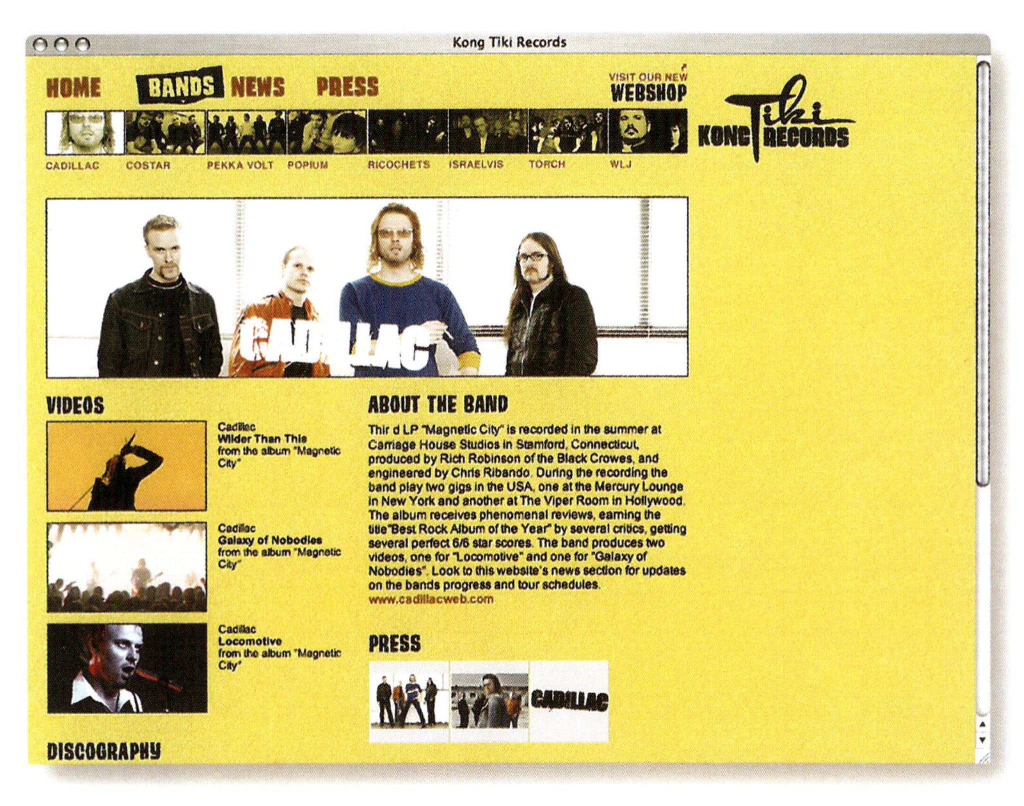

图 5-23

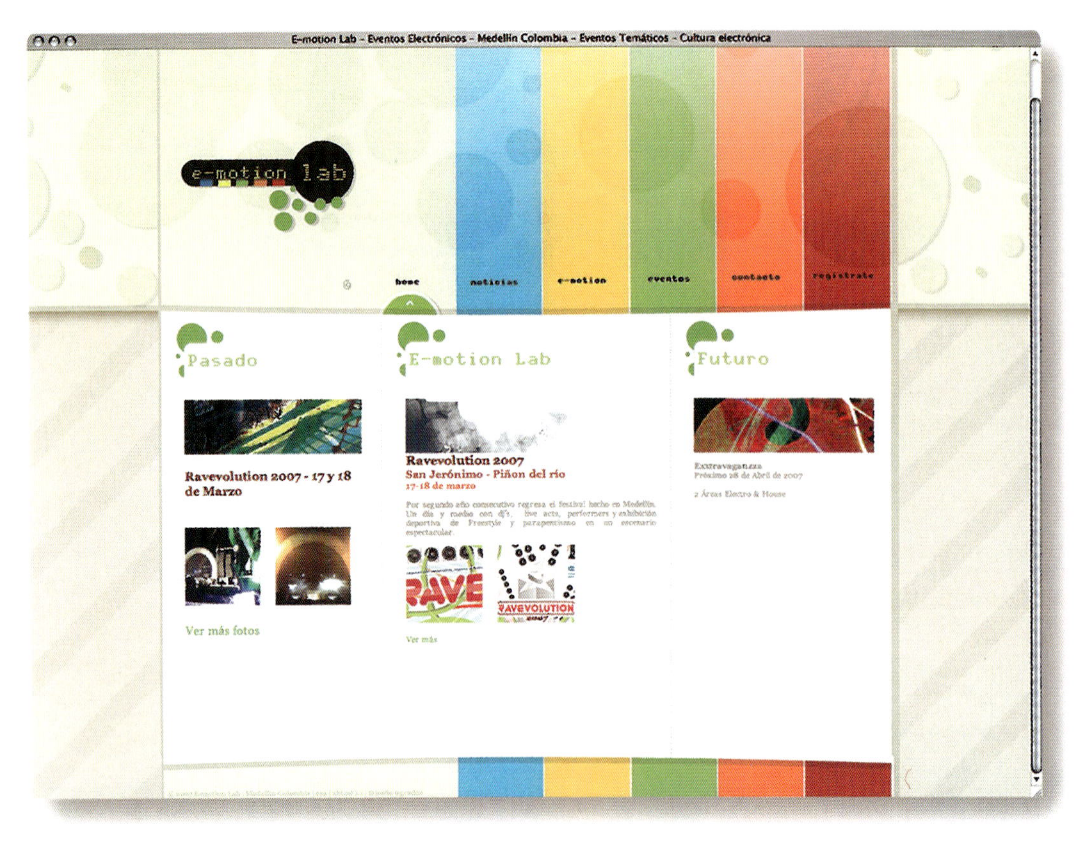
E-motion Lab - Eventos Electrónicos - Medellín Colombia - Eventos Temáticos - Cultura electrónica
e-motion lab
home
noticias
e-motion
eventos
contacto
registrate
Pasado
E-motion Lab
Futuro
Ravevolution 2007 - 17 y 18 de Marzo
Ravevolution 2007
San Jerónimo - Piñon del río
17-18 de marzo
Ver más fotos
RAVE
RAVEVOLUTION

E-motion Lab - Eventos Electrónicos - Medellín Colombia - Eventos Temáticos - Cultura electrónica
e-motion lab
home
noticias
e-motion
eventos
contacto
registrate
Pasados
Futuros
15 artistas en escena
6 internacionales
El mejor talento local

图 5-24

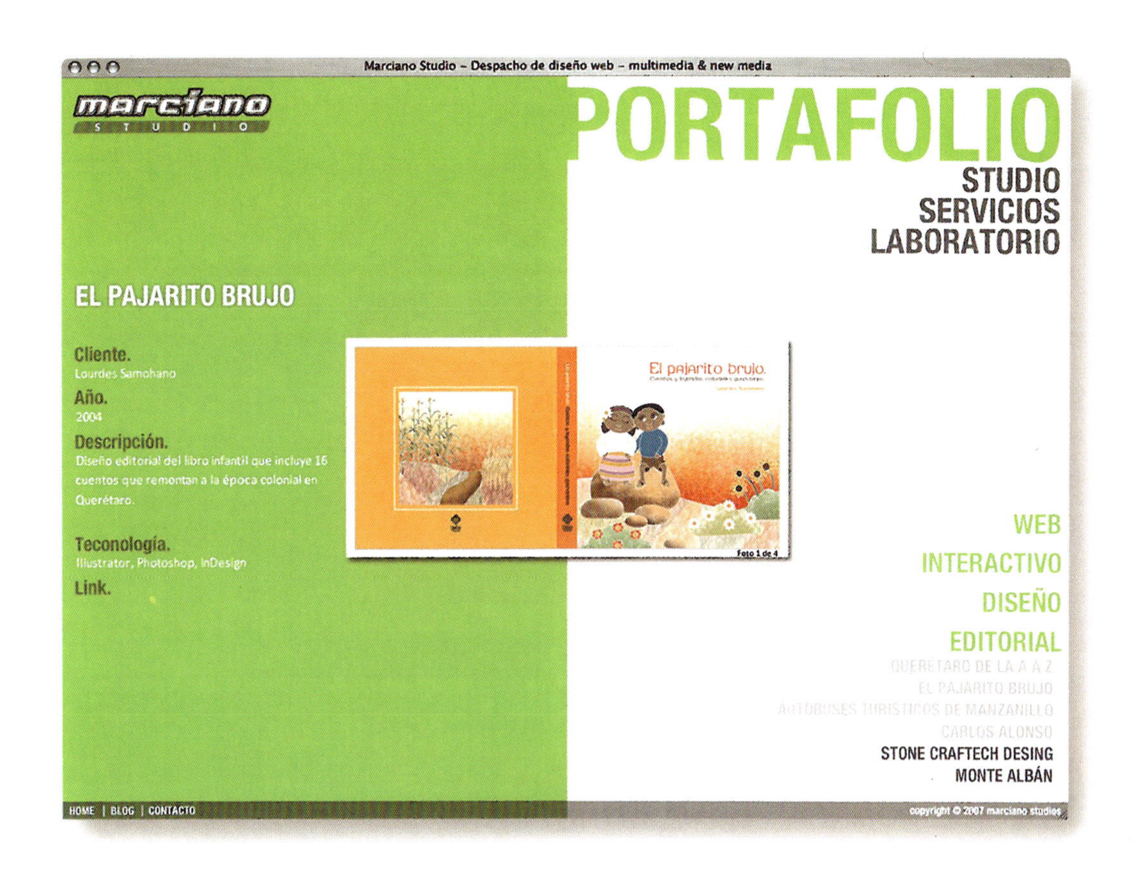
Marciano Studio - Despacho de diseño web - multimedia & new media
PORTAFOLIO
STUDIO
SERVICIOS
LABORATORIO
EL PAJARITO BRUJO
Cliente.
Lourdes Samohano
Año.
2004
Descripción.
Diseño editorial del libro infantil que incluye 16 cuentos que remontan a la época colonial en Querétaro.
Tecnología.
Illustrator, Photoshop, InDesign
Link.
El pajarito brujo.
WEB
INTERACTIVO
DISEÑO
EDITORIAL
STONE CRAFTECH DESING
MONTE ALBÁN
HOME | BLOG | CONTACTO

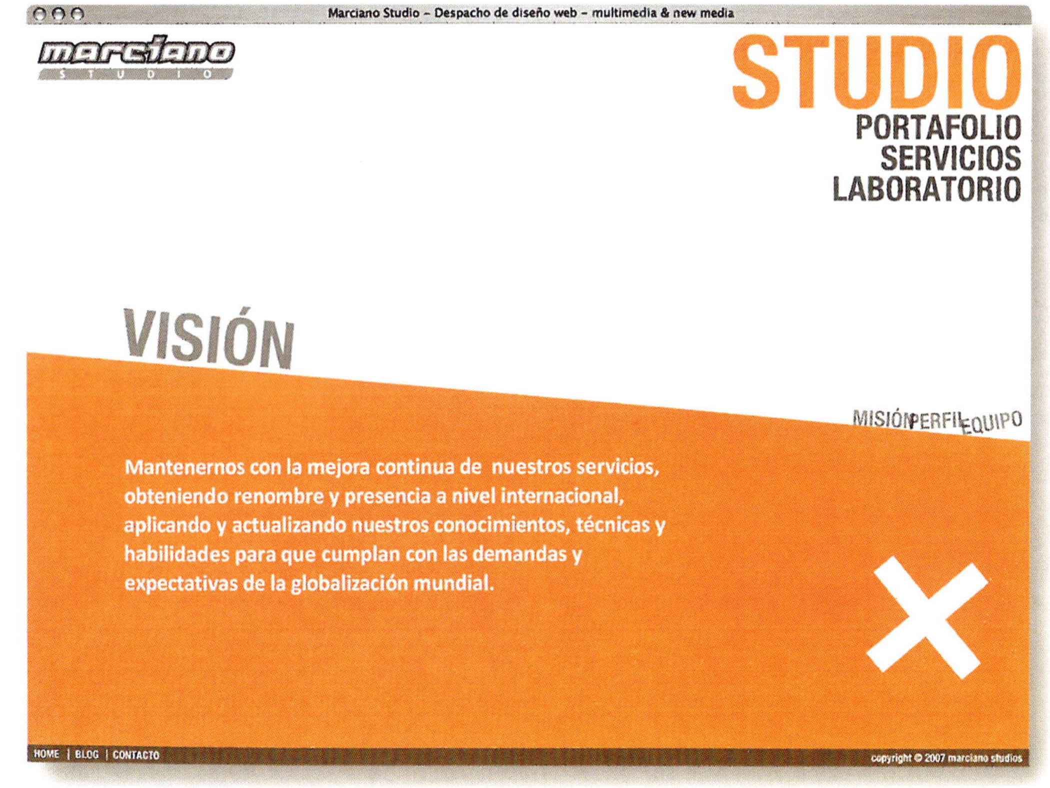
Marciano Studio - Despacho de diseño web - multimedia & new media
STUDIO
PORTAFOLIO
SERVICIOS
LABORATORIO
VISIÓN
MISIÓN PERFIL EQUIPO
Mantenernos con la mejora continua de nuestros servicios, obteniendo renombre y presencia a nivel internacional, aplicando y actualizando nuestros conocimientos, técnicas y habilidades para que cumplan con las demandas y expectativas de la globalización mundial.
HOME | BLOG | CONTACTO
copyright © 2007 marciano studios

图 5-25

三、页面的统一和空间感的营造

在很多网页中都存在着这样一个问题,版面太满,没有层次。其主要原因就是在编排的时候把所有信息都往版面上堆,造成版面拥挤、没条理。因此,在编排网页的版面时,应注意版面的主次关系,形式上要丰富,组织上要有秩序而不单调。合理运用变化与统一的编排方式。

很多人认为网页中颜色越多,字体越多,版面效果就越丰富。如果将各种五颜六色的图片编排在版面中,会使版面显得杂乱而没有秩序,失去重心。因此,在编排网页版面的时候,要注意色系的运用,合理地运用版面色系,使版面在视觉上达到和谐统一的效果,让浏览者对内容不易混淆,增加浏览的简洁与方便。网页的色彩包含网页的底色、文字字色、图片的颜色等,并不只是将颜色搭配得当就算完美,还要配合每个内容及网站主题。在统一版面的同时,还要注意版面色彩的合理性。比如,网页的底色是整个网站风格的基调(图 5-26),以黑色作为背景色的网页,会令人产生黯淡凝重的感觉,适合用于比较沉重的男性主题,不适合用于活泼的儿童网站或者食品网站(图 5-27)。因此,在统一版面的时候,要注意版面的主题与色系的统一性。

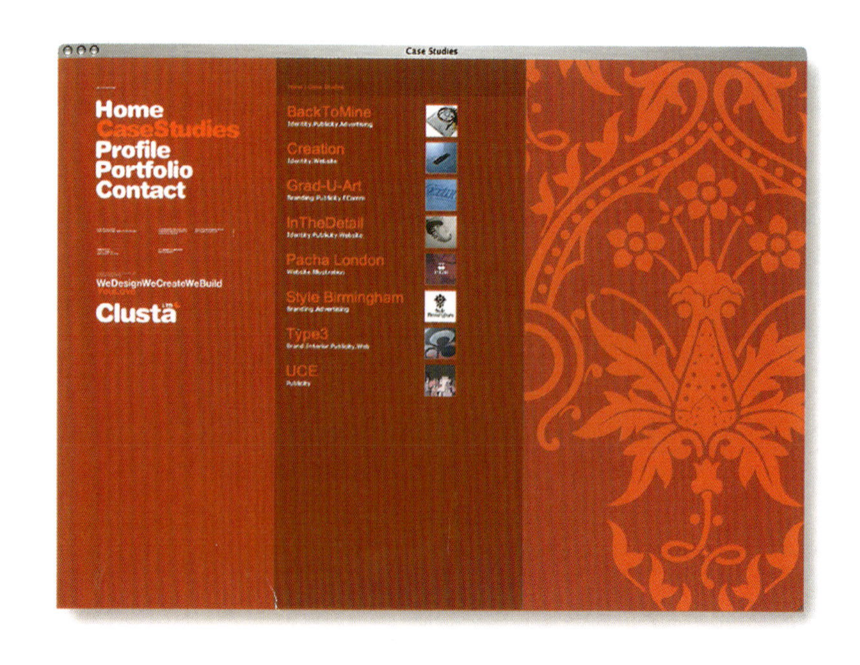

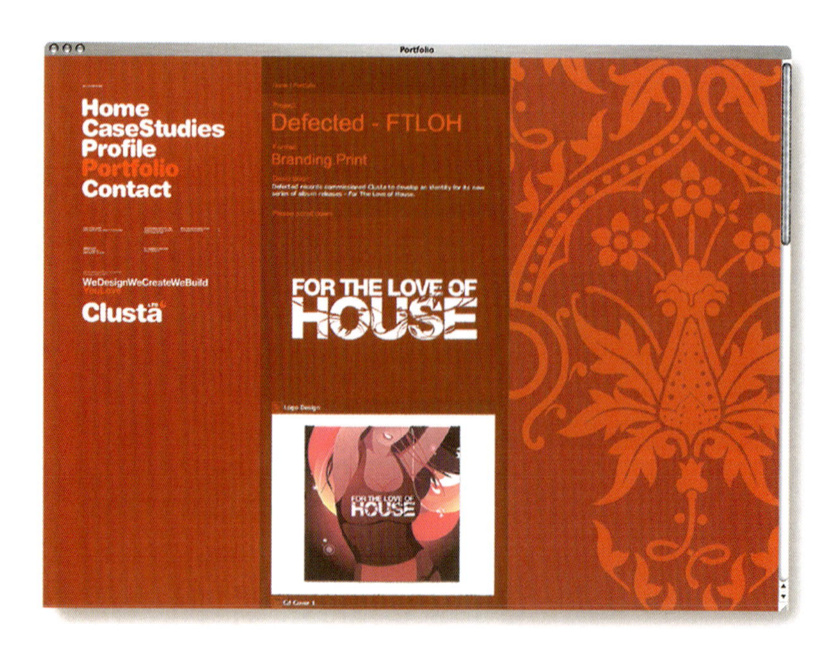

图 5-26

FREESTEPPA [Steppasoundz Recordings]
Freesteppa
c/o Steppasoundz Recordings
Po.Box 12 19 35
68070 Mannheim
Germany
Latest Flyer:
>03/29/07: DiskonectDnB, Denver (USA)
>03/23/07: WinterMusicSession, Miami (USA)
>03/09/07: Dynamite.Club, Mannheim (GER)
03/09/2007 Freesteppa's last Germany Gig before the USA @ Dynamite.Club, Mannheim
Freesteppa @ Dynamite.Club, Mannheim in february 2007
DR. S. GACHET.
FREESTEPPA.
DOUBLE M.
SOUL ADDICTION.
The big USA Promo Tour shedule 2007 completed and confirmed!
NEWS SECTION
FREESTEPPA.COM
ABOUT FREESTEPPA
ACTUAL / FACTUAL

FREESTEPPA [Steppasoundz Recordings]
Freesteppa
c/o Steppasoundz Recordings
Po.Box 12 19 35
68070 Mannheim
Germany
Latest Flyer:
>03/29/07: DiskonectDnB, Denver (USA)
>03/23/07: WinterMusicSession, Miami (USA)
>03/09/07: Dynamite.Club, Mannheim (GER)
03/09/2007 Freesteppa's last Germany Gig before the USA @ Dynamite.Club, Mannheim
Freesteppa @ Dynamite.Club, Mannheim in february 2007
DR. S. GACHET.
FREESTEPPA.
DOUBLE M.
SOUL ADDICTION.
The big USA Promo Tour shedule 2007 completed and confirmed!
NEWS SECTION
FREESTEPPA.COM
MORE INFORMATION
DJ FREESTEPPA
ABOUT FREESTEPPA

图 5-27

教学分享——书籍版式设计

课题内容：从独特的视角去寻找某一城市的人文、历史文化，深入挖掘那些有关联的故事，以叙事的形式让同组图片相互影响，强调概念、文字、情感的意义，以上述方向为背景，策划一本书籍，并进行版式设计。

训练目的：熟悉和掌握书籍版式设计的表现方法，把握版式与图书风格品位的统一融合，学会合理运用相关设计方法进行书籍版式设计表现。

制作过程：

(1) 确定主题定位：寻找图片素材，并将其策划排出序列。在这个过程中有些图片是直接相似的，有些是隐喻的，有些是连贯的，有些在同一个类别中具有强烈的反差，通过寻找去理解各种图片的规律。

(2) 图片后期处理：渲染和强调图片的叙事性，突出主题的意境。同时，训练学生对图版构成的各种处理能力：图片裁切、重新选择构图、色彩的再处理。

(3) 规划草图：根据主题确定风格，策划版式空间结构、色彩定位、绘制草图以保证排版的基本框架和形态的质量。在草图中尝试多种排版的可能性，以作比较，如文字样式的选择、文本视觉流程、整体布局的合理性等。

(4) 电脑排版稿：确定风格后通过 indesign 排版，进行字体选择及视觉元素的细节组合，统一画面。

(5) 打印输出：排版完成后，打印输出来观察和校对，做小样检查效果。对整个结构与实物样张做反复的尺寸检验，要求尺寸贴合。然后选择纸张，根据主题选择合适的材料。最后制作成品。

作业展示：《深圳记忆》书籍设计。

指导老师：刘花弟（图 5-28）。

内容简介：

本设计的作者从独特的视角看深圳的人、文化、地域，力求体现城市中传统与现代、时尚与经典、积极向上的城市发展思想，并对其加以应用推广。取材抓住了日常生活当中的场景，视点独到。每个页面用统一风格表现，既有抽象造型的风格，又能传达出准确信息。

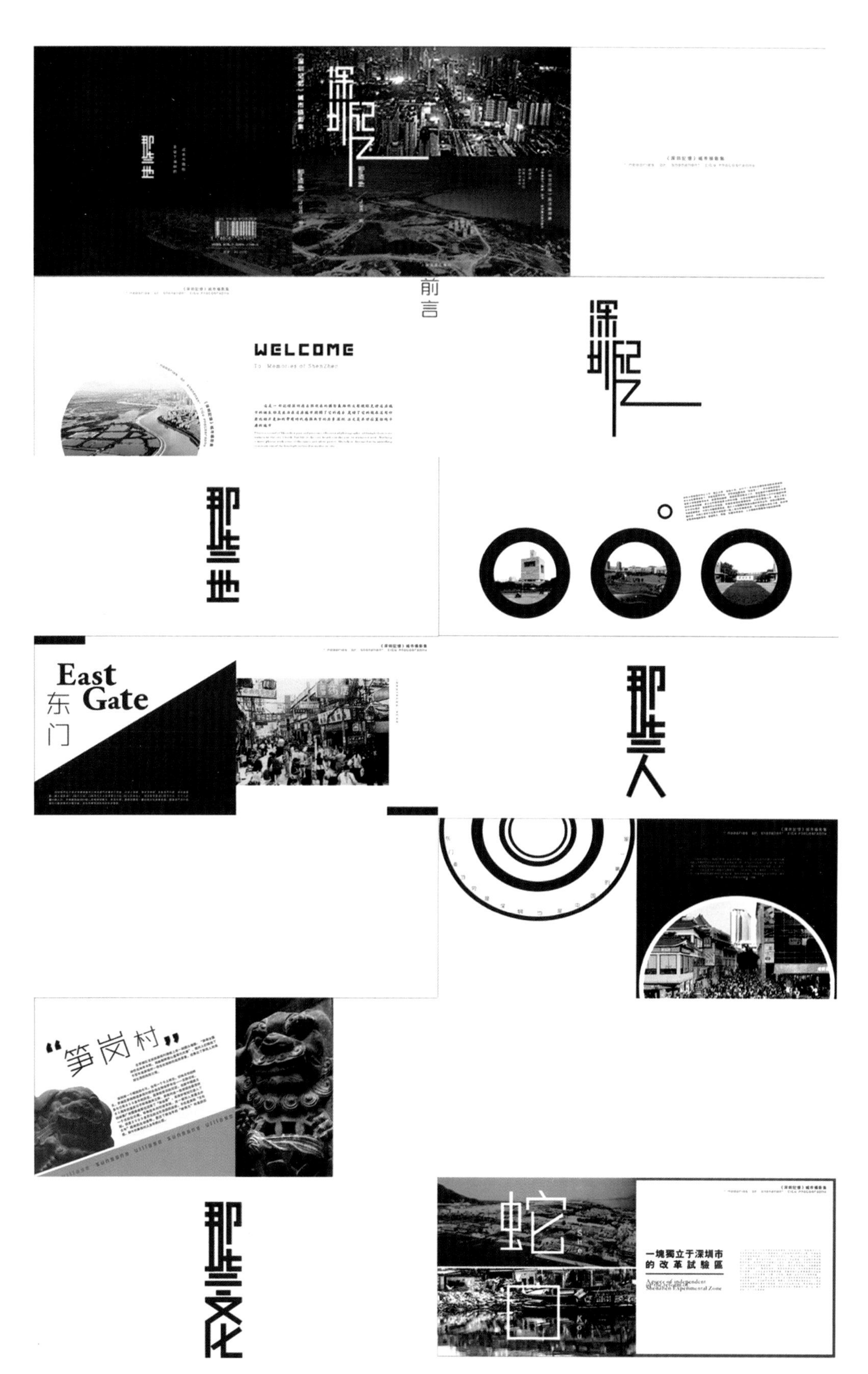

前言
WELCOME
To Memories of Shenzhen
East Gate
东门
"笋岗村"
蛇口
一塊獨立于深圳市的改革試驗區
A piece of independent Shenzhen Experimental Zone

图 5-28　李一君设计

后 记

编写此书花了一年多的时间，几经曲折，到最后形成印刷文字，心中满含感激之情……

我要感谢院领导熊建新教授、高昱教授。此书从选题到提纲目录都离不开熊建新教授的悉心指导。感谢高昱教授给予了我多次锻炼机会，提供了开展版式教学的好平台，使我积累了一定的实践教学经验，才得以顺利地完成此书。

非常感谢南昌航空大学艺术与设计学院视觉传达系部领导李有生副教授，以及刘花弟副教授。他们以丰富的阅历和多年实践教学经验帮助我解决了许多疑问，为我提供了部分教学资料；感谢2014级和2015级视觉传达方向学生们提供的课堂习作，其内容和表现虽略显稚嫩，但每件作品都反映出设计者的真实理解。另外，要感谢的是所有给我启示的著作作者，所有给我深切感悟和体验的优秀平面视觉作品的艺术设计师们，其中部分作者姓名不详，无法查实，如有统计疏漏，在此深表歉意。

特别感谢苏州大学出版社的薛华强主任、方圆编辑的大力支持，最终促成本书的问世。

感谢一直默默给予我极大关心和支持的父母、爱人、两个宝贝、我的同学，他们永远是我不断前进的动力和依靠。

编者

于2016年立冬